NF文庫
ノンフィクション

復刻版 日本軍教本シリーズ

「国民抗戦必携」「国民築城必携」「国土決戦教令」

藤田昌雄
佐山二郎 編

潮書房光人新社

小沢仁志氏インタビュー

——戦記物・ミリタリーなどの本は読まれますか？

小沢　そういったものはあまり読まないのですが、過酷な状況で生き残る方法を模索するようなサバイバル本なんかは読みますね。

——本書では本土決戦になった時、攻め入る敵をどのように迎え撃てばよいのかを国民に教えるものです。

小沢　そういうものがあったとしても、慣れない者にとっては、なかなか実践するのは難しいでしょうね。

――具体的に背の高い米軍兵士と戦う時は腕に自信のないかぎり、斬ったり払ったりせず突くのが一番だ、刀や槍がない時は鎌や出刃包丁なども武器になる、という記述もあります。

小沢　私も危険な場面に何度も遭遇したことはありますが、やはり、慣れや経験があるのとないのでは対処の仕方には違いがでてくると思います。

――小沢さんが戦争中に生きていたとしたら、どのように戦いますか。

小沢　戦争となるとおそらく一対一よりは大勢同士で戦うことになるでしょう。生き残るというのは運でしかない。ただ、そのなかで何か隙間を見つけることができれば生きるチャンスはあるかもしれない。

――フィリピンでは特殊部隊との訓練もされました。

小沢　映画などでも銃を扱ったアクションがありますが、どうも作り物のように見えてしまうこともある。本物の銃を手にするということは、なかなかないですが、だいぶ違う。実際に私は二万発も銃を撃っていますが、知っているのと知らないのでは差がある。

――ご自分の武闘経験についてはいかがですか。

小沢　喧嘩などに巻き込まれることもありますし、先ほど言ったように、危険な目にも遭っています。フィリピンでは居合わせた店でギャングと警察の撃ち合いが始まったこともあります。双方ただめちゃくちゃに撃ちまくる（笑）。でもその銃をつかんで撃てないように分解した。その方法を知っていましたので（笑）。

トイレに入っていたら後ろから銃を突き付けられた。

自分の車と間違えてドアを開けたら、中に泥酔したアメリカ人が乗っていて、いきなり撃ってきたこともある。日本じゃ考えられないですよね。

――日本人の危機管理に関してはいかがでしょう。

小沢　フィリピンのスモーキーマウンテンで撮影をしていたら、俳優仲間が人質にとられて助け出すのに苦労したこともありました。たとえばそんな場所を軽装で大金を持って歩いていたら、襲ってくれと言っているようなもんですよね。でもそうしてしまう人も多い。

いわゆる平和ボケというんですかね。戦争ということとは違うけれども、そういったことも考えなきゃいけない。

——ご自分の武闘に対する心構えというものは。

小沢　私は危ない目にはいやというほど遭っています。そういった場面からも勉強して取り入れる。襲われた時にその場にあるものがどんな役に立つのか、道を歩いていても、向こうから来る人間はどんな人間かを見極める。こういったことを普段でも役を演じる時でも常に気にしてイメージトレーニングをしています。そうすると体が自然に反応して危機回避につながる。

——本書についてはいかがでしょうか。

小沢　これがそのまま現代の日本人にも役に立つとは思いません。たとえば、これから日本が戦争に巻き込まれた場合、日本人がそのように行動できるのか。ただ、こういった心構えというのは、戦争ということではなく、日常生活に活かすという意味では役立つと思います。

7　小沢仁志氏インタビュー

小沢仁志（おざわ・ひとし）
一九六二年六月十九日生まれ。東京出身。血液型A型、身長一八〇センチ。特技、空手二段、柔道初段。趣味、日なたぼっこ。一九八三年、「太陽にほえろ！」で俳優としてデビュー、以後かずかずの作品に出演、監督やプロデューサーもこなす。海外で撮影することもあり、そのため危険な場面に遭遇することも。フィリピンで特殊部隊との訓練経験あり。自らの経験に裏付けられた銃を扱うアクション、激しい格闘シーンなども多く、「武闘派」俳優として知られる。
（写真提供／産経新聞社）

復刻版　日本軍教本シリーズ

「国民抗戦必携」「国民築城必携」「国土決戦教令」——目次

復刻版　日本軍教本シリーズ

「国民抗戦必携」
「国民築城必携」
「国土決戦教令」

「国民抗戦必携」

藤田昌雄編

#「国民抗戦必携」　目次

昭和二十年に入り「本土決戦」が必至の状況になると、「大本営陸軍部」は国民による軍支援組織である「国民義勇隊」を敵侵攻に際して「国民義勇戦闘隊」に改編して軍の作戦支援に従事させるべく、小冊子タイプの「国民義勇戦闘隊」専用の本土決戦マニュアルである「国民抗戦必携」を昭和二十年四月二十五日に関係部署に配布した。

この「国民抗戦必携」には、国民による国内ゲリラ戦遂行のため、イラスト入りで対米戦闘方法が詳細に記されており、表紙には国民服姿の日本人が米兵に馬乗りになり喉元に刃物を突きつけるイラストが載せられている。

「国民抗戦必携」は全国民に配分が不可能な点から、表紙には、『(増刷許可ス、但シ此ノ場合ハ○○複寫ト記スルヲ要ス)』と記載されており、五月から六月にかけて発行された国内新聞の各紙にも数回にわたり連載されており、多くの新聞は文章のみの記載が多いものの、一部の新聞では小冊子と同一のイラスト付きで掲載されたものもあった。

編者保有のイラスト入り新聞掲載版の「国民抗戦必携」は「中部日本新聞」で昭和二十年六月より八回に分けて掲載されたタイプのもので、表紙部分には正規の『増刷許可ス、但シ此ノ場合ハ〇〇複寫ト記スルヲ要ス）』の記載の代わりに「中部日本新聞複寫」と記載されている。

冊子版の「国民抗戦必携」は「表紙」の裏に「要旨」が記されており、本文は「一、対戦車肉薄攻撃」「二、狙撃」「三、手榴弾投擲」「四、白兵戦闘、格闘」「五、挺身斬込」「六、対空挺戦闘」「七、瓦斯、火炎防護」の七つのセクションより成り立っていた。

新聞掲載版には、「第1回、恐れずに敵戦車に肉薄」「第2回、練磨の挺身攻撃」「第3回、われらの必殺戦法」「第4回、決死必成の隠密行」「第5回、隙を突く臨機応変」「第6回、一挙に敵陣を覆滅」「第7回、空挺殲滅は果敢迅速」「第8回、我ら何物も恐れず」が八回に分けて掲載された。

本稿では、「中部日本新聞」に八回連載された内容の全文を掲載する。

（原文中での明らかな誤記、誤植の記載については編者が適宜訂正、また適宜、改行等を加えた）

〈本稿は藤田昌雄『日本本土決戦』潮書房光人新社より転載、一部訂正〉

21　「国民抗戦必携」

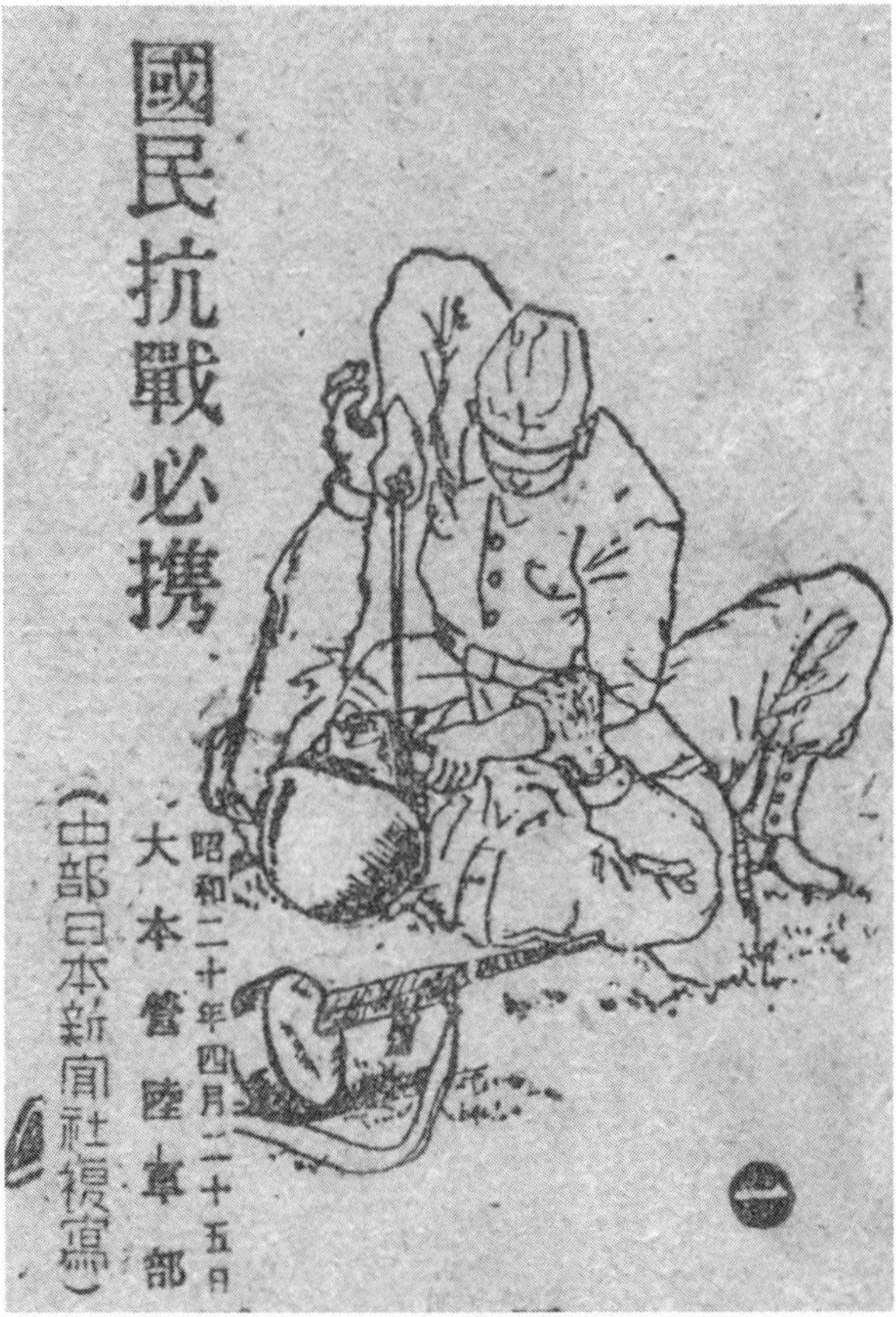

「国民抗戦必携」表紙

第1回「恐れずに敵戦車に肉薄」

要旨

一、敵若し本土に上陸し來つたならば、一億總特攻に依り之を撃滅し、鄕土を守り皇國を絶對に護持せねばならぬ

二、國民義勇隊は戦闘の訓練を實施し、築城を造り、各人各々その鄕土を守り、挺身斬込に依つて敵を殺傷し、軍の作戦に協力せねばならぬ

三、決戦に必要なる訓練は次のとおりである

1、指揮官の指揮法

2、狙撃、手榴彈投げ方、斬込、對戦車肉薄攻撃

一、對戦車肉薄攻撃

1、敵戦車の緒元、攻撃部位

敵アメリカが主として使用する戦車はM四中戦車とM1重戦車の二種で、M

四に對する攻擊部位は天蓋及び背面へフトン爆雷、背面へ火焔瓶、砲塔及び車側面へ刺突、手投兩爆雷が有効で手には手投爆雷を履帶で轢かせたり、また進行前面へ七キロの急造爆雷を抱へて飛込むのも適切な攻擊法である

裝甲の厚いM1には天蓋と車背へフトン爆雷、車背へ火炎瓶を投擲することも良い、車側は刺突爆雷、車前は十キロ急造爆雷で攻擊する

2、敵戰車の戰法、行動

敵米軍のやり口を見ると前方に搜索步兵を出し隨伴步兵を配したM四中戰車を橫隊にしてぢりぢり步兵戰鬪に直接必要な目標を射擊攻擊しつつ進み其の後方五百メートル乃至千メートルの位置にM1戰車が一般砲兵の如く重要目標を射擊しつつ行動攻擊し來るが、このいづれもわれら斬攻の好餌といふべきである

【M四戰車】長さ六・一〇米、幅二・九米、高さ二・八米、前部砲塔の要部裝甲は八五粍、脆弱部で六〇粍あり七六粍砲と三挺の重機を裝備する

【M1戰車】長さ七米、幅三・一米、高さ三・三六米、裝甲一二四〇乃至八〇粍、七六粍、三七粍砲各一門と重機二挺を持つてゐる

25 「国民抗戦必携」

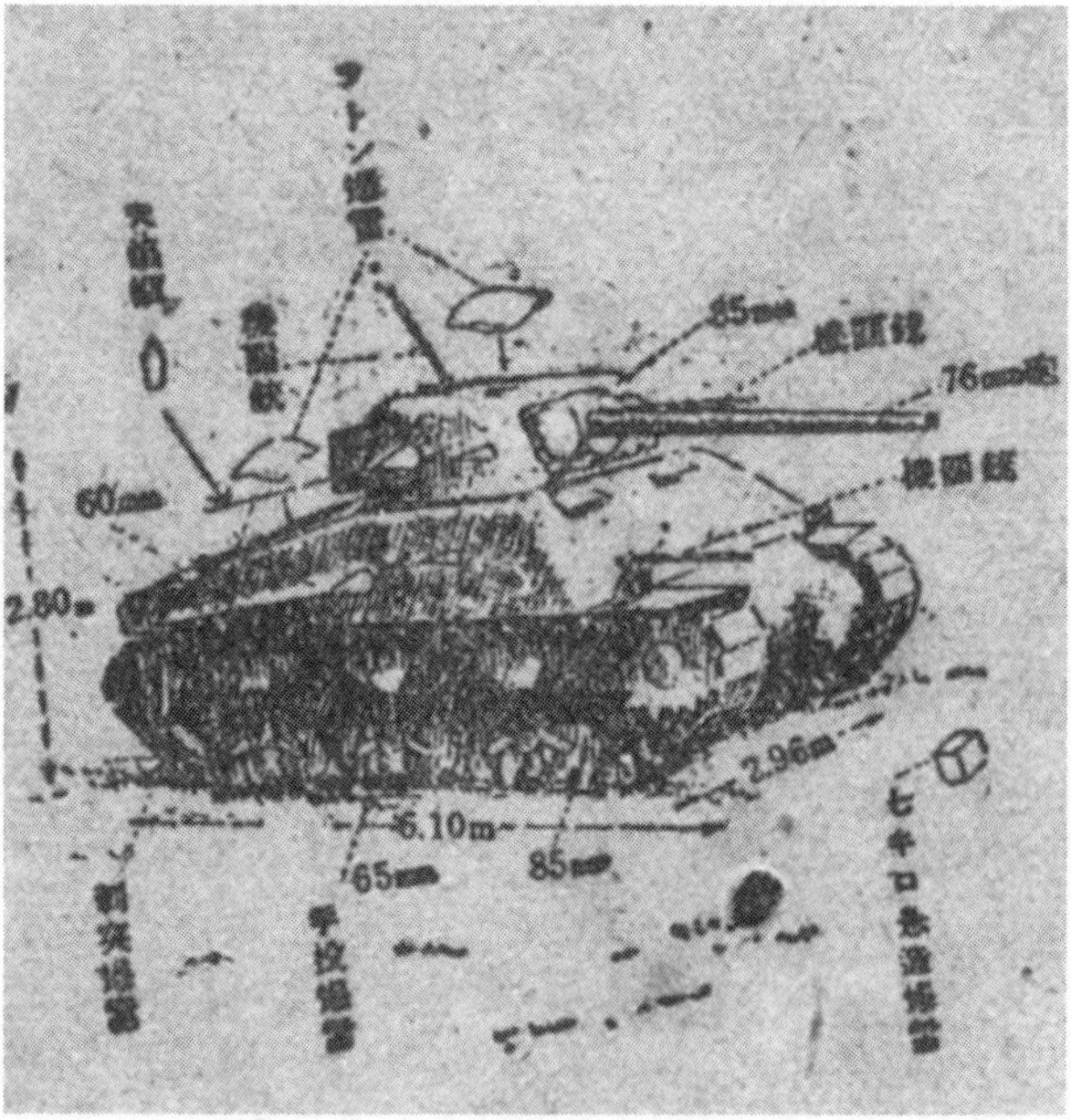

M4中戦車の諸元

M1重戦車の諸元

27 「国民抗戦必携」

M4中戦車とM1重戦車の運用方針

第2回「練磨の挺身攻撃」

3、肉薄攻撃資材と組の編成
敵米の物量戦法を撃破するものは一に盡忠護國の信念より發する體當り斬込の特攻戦法である
對戰車肉薄攻擊の資材は1手投爆雷　2火炎瓶　3槍、銃剣のごとく戰車を串刺しにする意氣で突込めば爆發する刺突爆雷　4フトン爆雷＝安全栓を抜くと十秒後發火する＝のほか爆藥を梱包した急造爆雷、地雷がある
攻擊班の編成と装備を三人組に例をとるとフトン爆雷、刺突爆雷各一、手投爆雷、火焔瓶各二手榴彈七のごとく敏速なる行動の可能な限りの武器をもつて突進する
4、攻擊實施
行動は絶對隱密でなければならぬ、體當り瞬前まで發見されぬやうに潜行す

ること、攻撃は焦らず慌てず手投爆雷なら戰車の横へ直角になるやう物陰から投げ、火焔瓶ならば引火力を確實にするため機關部のある車背の空氣孔を狙うのだ

刺突爆雷は銃劍術の氣合で體當りする、フトン爆雷は車背めがけて高所から叩きつけるが、いずれの場合も沈着を旨とし安全栓を抜くのを忘れて滅敵の好機を逸してはならぬ

5、對戰車肉薄攻撃の支援

敵の行動は戰車單獨でないからまず隨伴歩兵を介し戰車を裸にする必要がある

そのため組の行動援助部隊が活躍する

敵に判らぬ地物を積極的に利用、擲彈筒曲射重輕機銃の狙撃を行ふが、攻撃支援のいづれも必死の攻撃であるからあらゆる状況に應ずる不斷の訓練が必要であることはいふまでもない

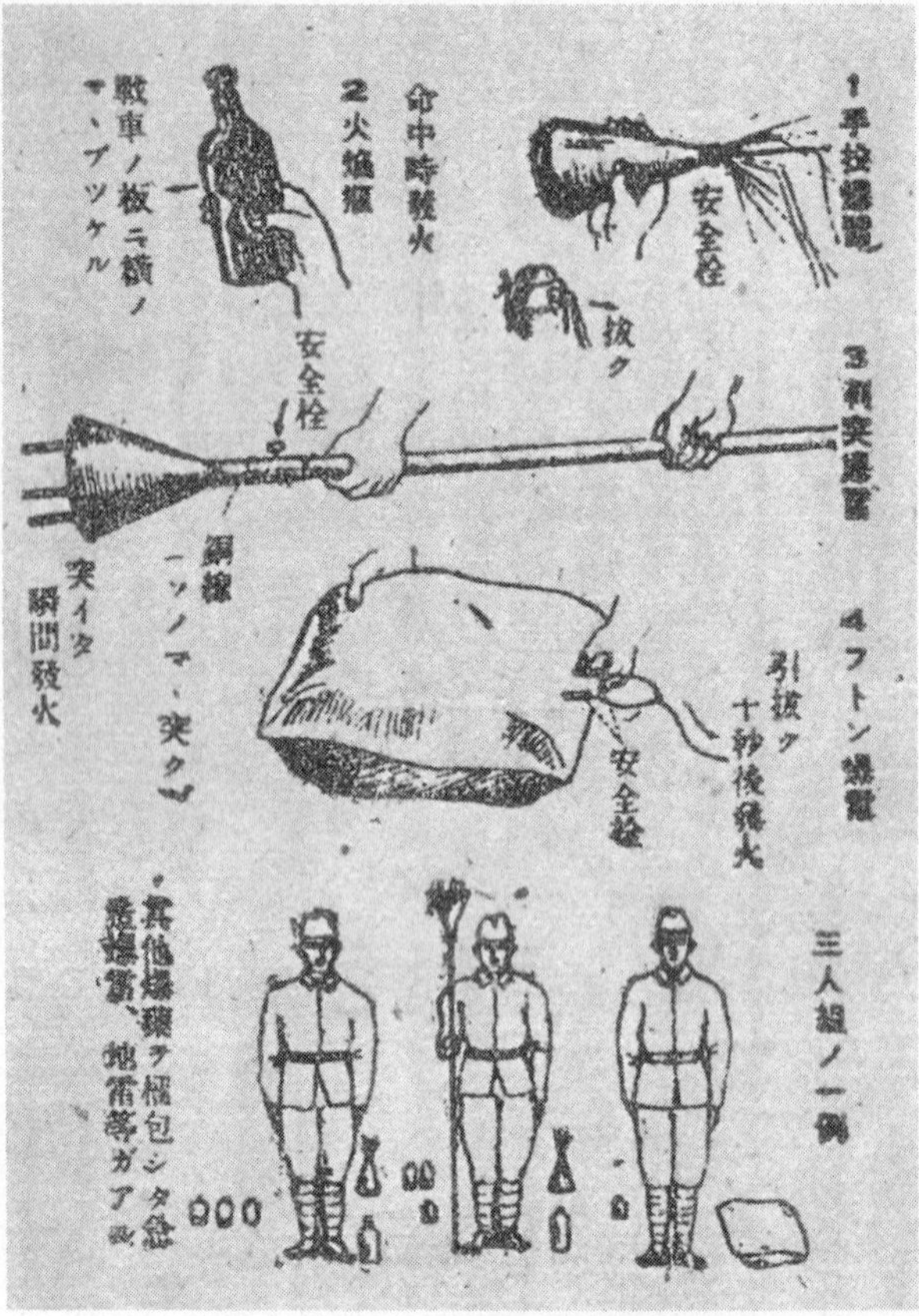

肉薄攻撃資材の説明と攻撃組の編成例

31　「国民抗戦必携」

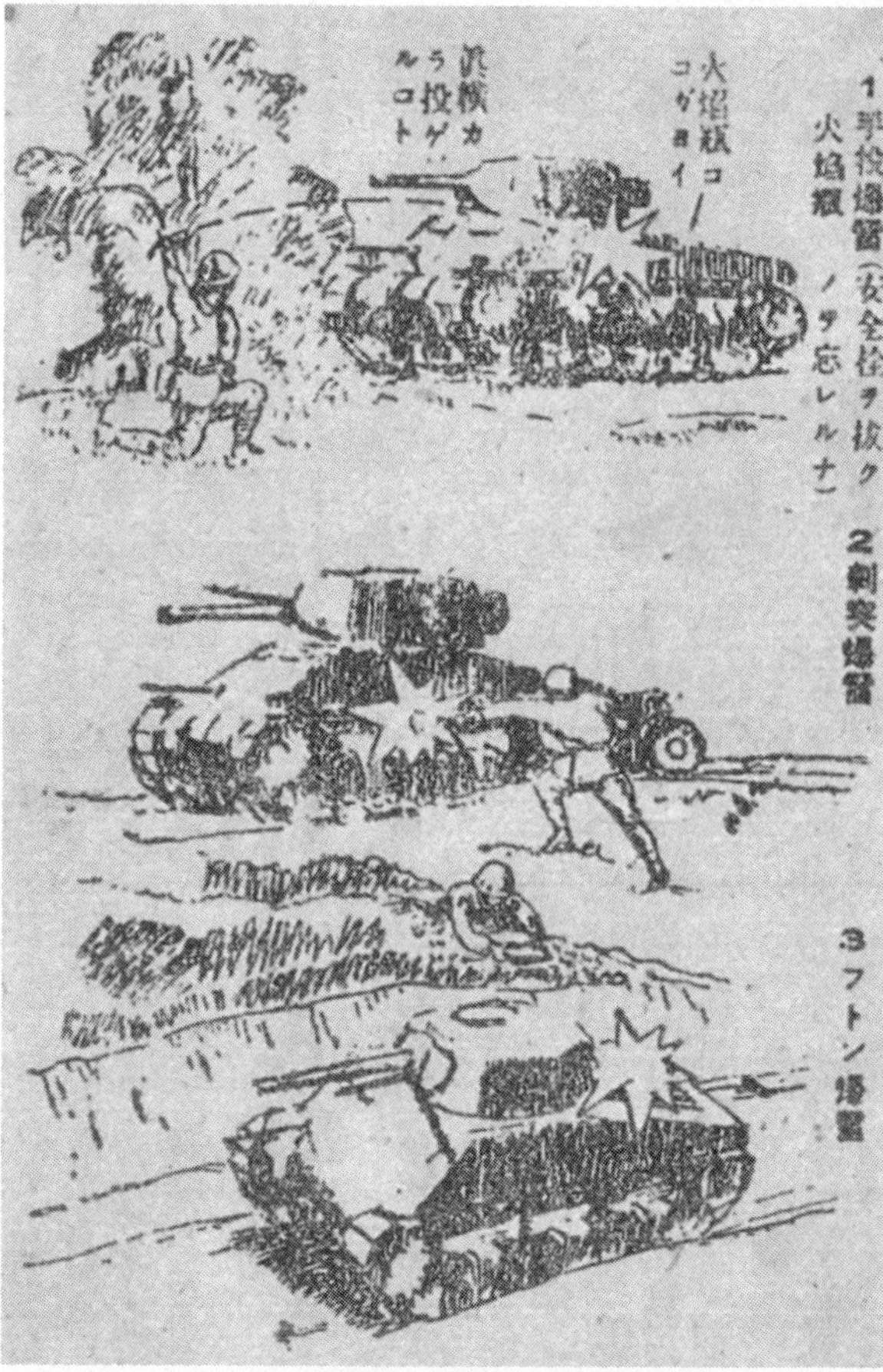

M4 中戦車に対する攻撃部位

対戦車肉薄攻撃時の支援要領

第3回「われらの必殺戦法」

挺身斬込みこそ皇軍が世界に誇る戦闘様式の精華だ、大東亞全戦線に於て敵に大出血を強要する赫々たる戦火を重ねてゐる我ら将兵に續く一億の義勇隊の戦闘法もこゝにある

挺身斬込の威力は狙撃、手榴彈投げ、白兵格闘の三位一體により發揮される

二、狙撃

一發必中こそ狙撃の最高目標である、地形、敵情に應じ最適の姿勢で行ふのだ一般執銃訓練とその根本に變化はない

射撃は對敵距離の短かいほど命中精度を増すことはいふまでもない、少くとも三〇〇米以内に迫り落着いて照準する

敵が伏姿なら胸、立姿は下腹部、落下傘は敵兵の二倍半の下、つまり足先から一身長半を狙ふ

三、手榴彈投擲

重量百七十匁。半徑七米有效の制式手榴彈のほか、柄付、空瓶や鑵詰を應用したものがある

操作は第一に安全栓を抜いて發火を確かめ、次に平常の訓練で自身の投擲能力を拾分に知ること、第三は投擲動作は極力体の露出を小さくすること

四、白兵戰鬪、格鬪

上背のあるヤンキーともに對する白兵格鬪の要領は突きが一番だ

斬ったり拂ったりすることは腕に自信のない限り致命傷を與へることはむつかしい

刀や槍がなくとも鎌、ナタ、玄能、出刃包丁、鳶口いづれも立派な奇襲兵器だ

單獨行動の敵ならばさっと背後から打ってかかれば必殺は容易だ、鎌の柄は三尺位が扱いよい

格鬪になつたら上から襲いかかる敵に對して身を沈めて水落を突いたり睾丸を蹴上げたりする

柔道、唐手などわが國獨特の體當たり武道を發揮するのだ

以上いずれも捨身で躍りかかってこそ勝利がある

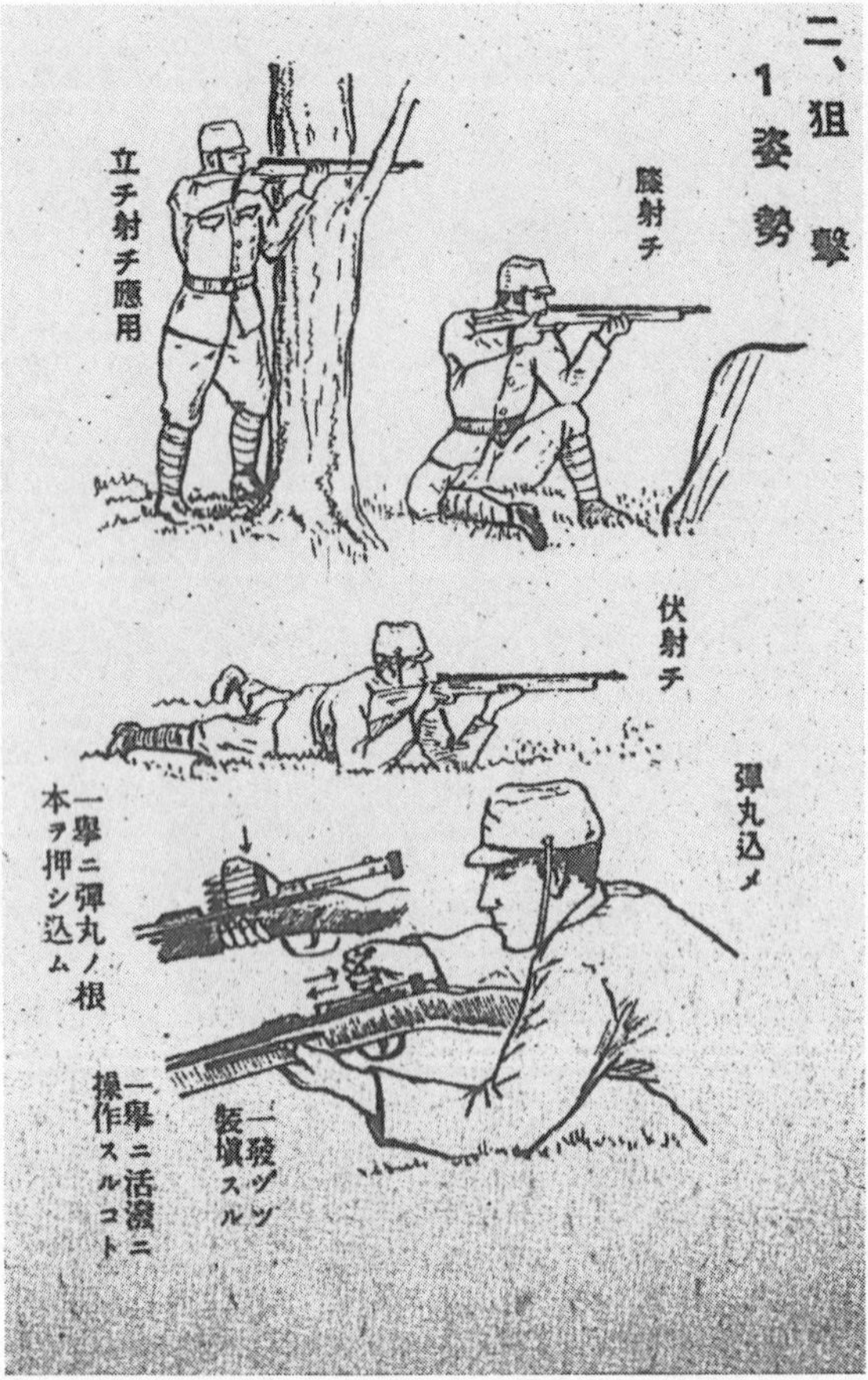
二、狙撃
1 姿勢
膝射チ
立チ射チ應用
伏射チ
彈丸込メ
一擧ニ彈丸ノ根本ヲ押シ込ム
一發ヅツ裝塡スル
一擧ニ活潑ニ操作スルコト

穴照門
可
不可
不可
不可
距離ハ取ルナ、三〇〇米以下デ狙撃セヨ
目標
照門
可
不可
不可
不可
ココラヲネラフ
ココヲネラフ

小銃の照準要領

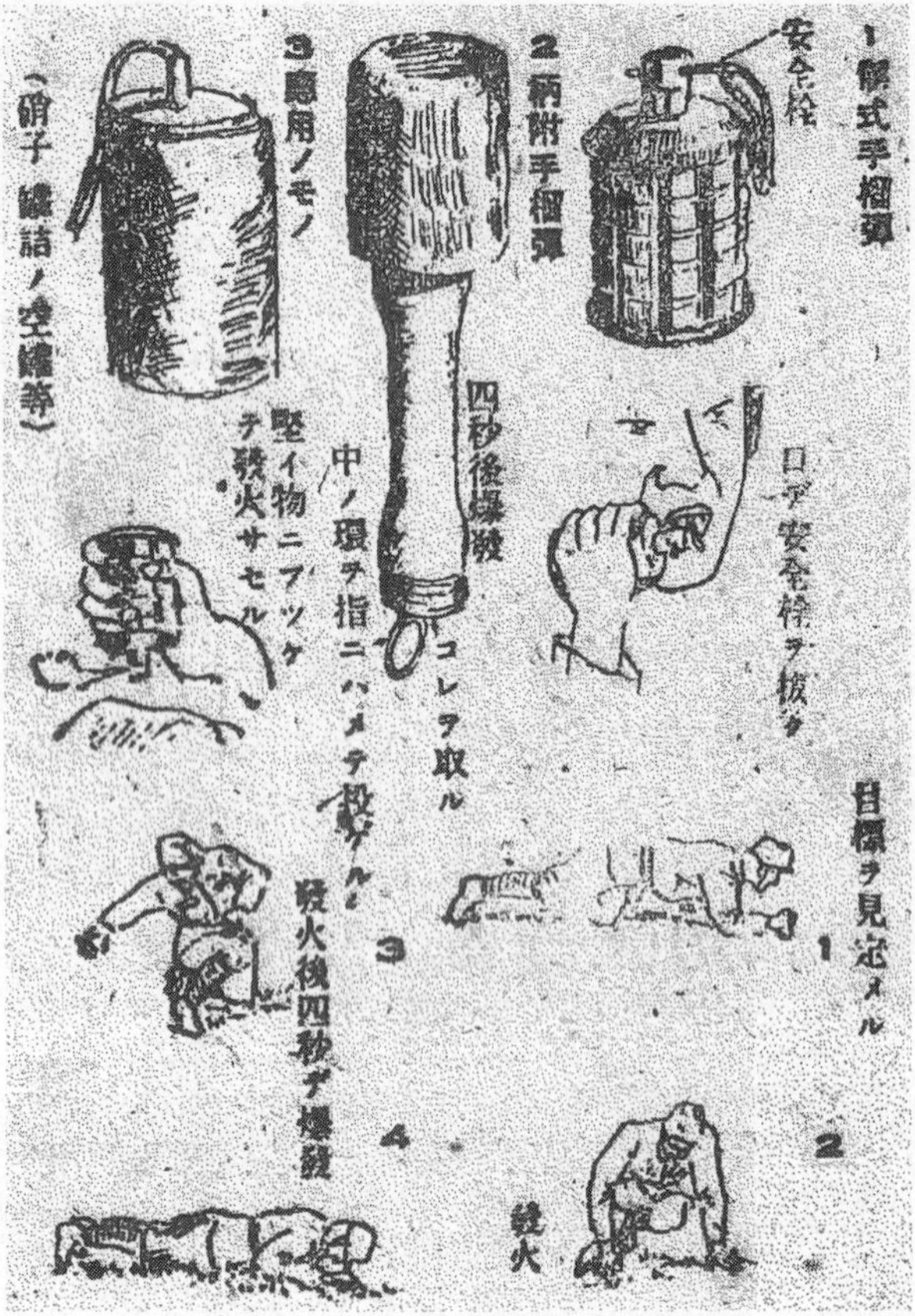
1 式手榴彈
安全栓
口デ安全栓ヲ抜ク
目標ヲ見定メル
1
2
發火
2 柄附手榴彈
四秒後爆發
コレヲ取ル
中ノ環ヲ指ニハメテ投ゲル
3
發火後四秒デ爆發
4
3 應用ノモノ
（硝子 罎詰ノ空罐等）
堅イ物ニブツケテ發火サセル

手榴弾の投擲要領

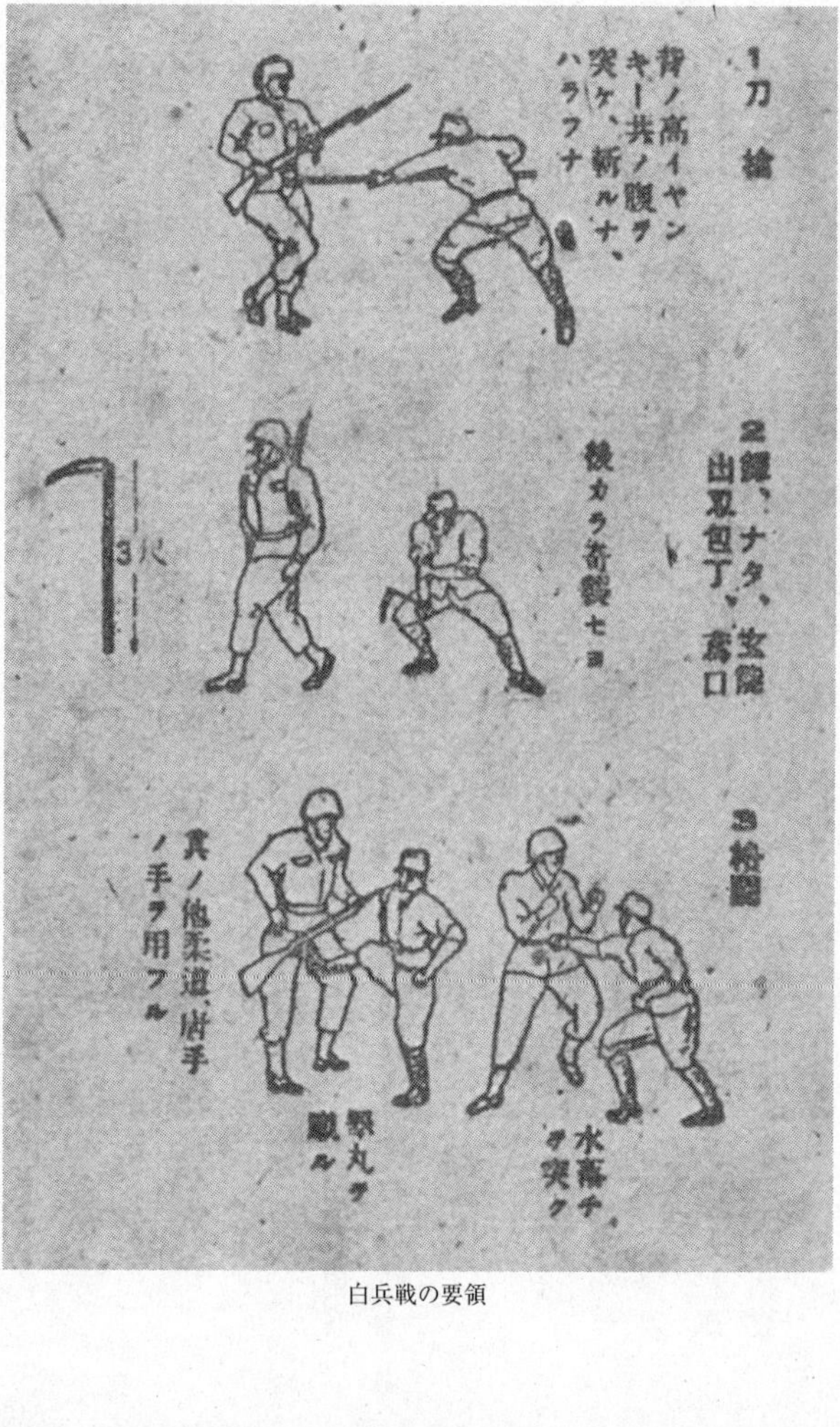
1刀 槍
背ノ高イヤンキー共ノ腹ヲ突ケ、斬ルナ、ハラフナ
2鎌、ナタ、出刃包丁、玄能、鳶口
後カラ奇襲セヨ
3尺
3格闘
其ノ他柔道、唐手ノ手ヲ用フル
睾丸ヲ蹴ル
水落チヲ突ク

白兵戦の要領

第4回「決死必成の隠密行」

五、挺身斬込

驕敵必殺の挺身行である、満身これ肝の沈勇をもつて、敵の戦闘力を根底から覆すのであるから状況に應じ神速機敏、必死もつて使命を敢行する決意を固めねばならぬ

1、組の編成、携行資材

隠密行動であるから下命者は組長の選定に留意し指揮要領も綿密に行はねばならぬ

三人一組として銃又は刀、竹槍、鳶口の他手榴彈、フトン爆雷、爆薬、破甲爆雷（半球形、圓錐形の二つがある）、火焔瓶などの武器、地圖、夜行羅針、號笛、懐中電燈、木挾の用意を整へほかに水筒、各自が二、三日分の食糧を携行する

2、地形地物の利用
行動はすべて敵中であるから寸毫の油斷もできぬ
人が通れぬと思われるやうな溝や水田こそ挺身隊にとつて天恵の通路である
道なき道こそ幸ひとすべきだ、しかし途中小敵に遭遇しても大事の前の小事と心得、ひたむきに目標撃滅へ全力を傾倒すべきである

3、破壞燒夷法
①迫撃砲は砲口に手榴彈二個以上を叩きこみ、その脚にある照準具を打ち壊す
②火砲はその大小により二―八瓩の爆藥を脆弱部である制退器に仕掛けて爆破するほか、照準具をも破壊する
③大口徑砲は八―十瓩で砲尾、フトン爆雷で砲身、刺突爆雷で制退器をそれぞれ粉砕する
④ドラム罐＝手榴彈を叩きつけるか、孔をあけてマッチで點火する
⑤彈藥箱＝手榴弾を三個以上入れて誘爆させる
⑥天幕＝手榴弾を放り込んで敵兵を一擧に殺傷する

⑦糧秣＝柴、枯草など可燃物で放火焼却する
⑧通信線などは鋏で寸断するが濫りに行つては自らの行動を察知されること
もあるから状況を判断して決行すべきである

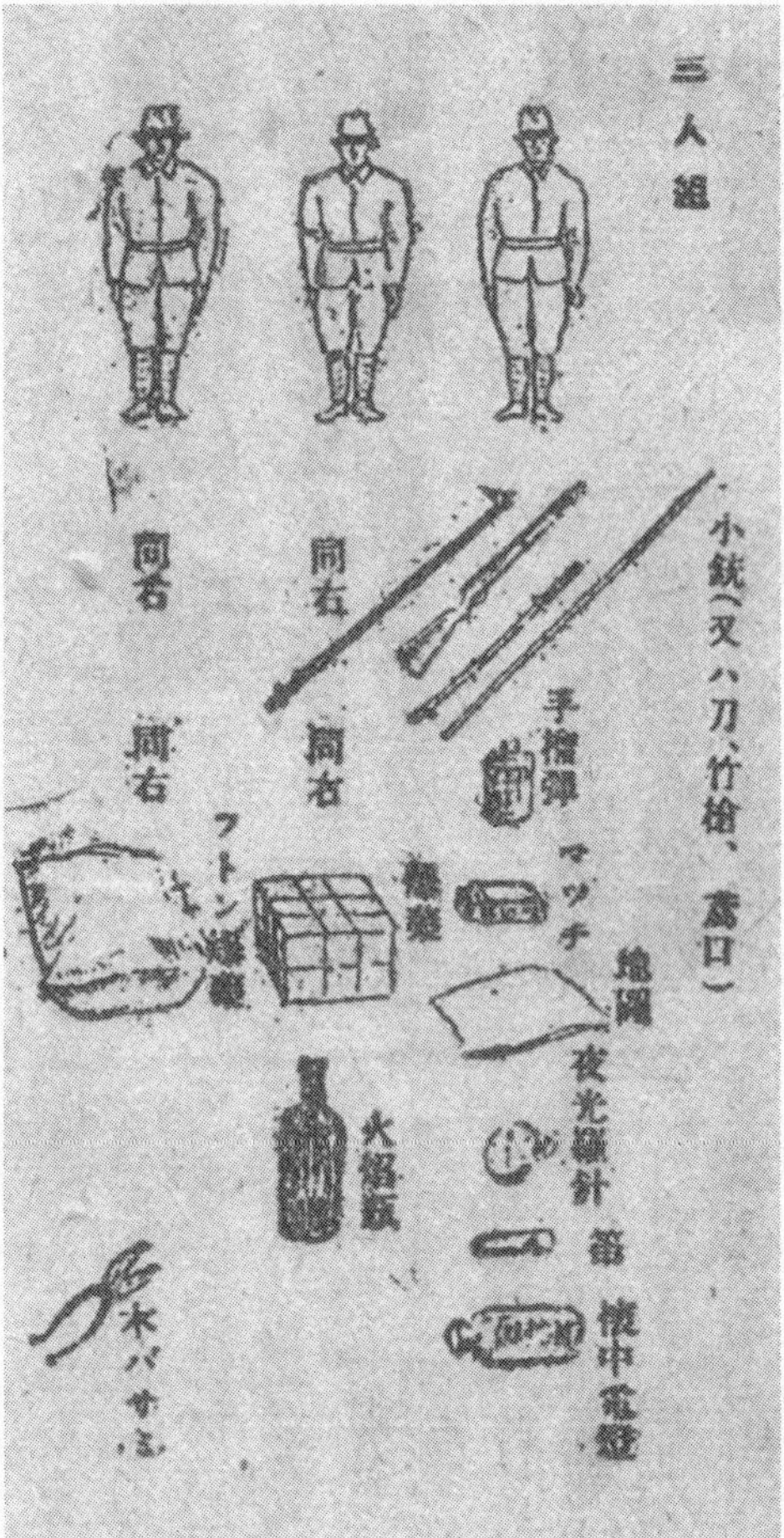

挺身斬込の組編成と携行資材

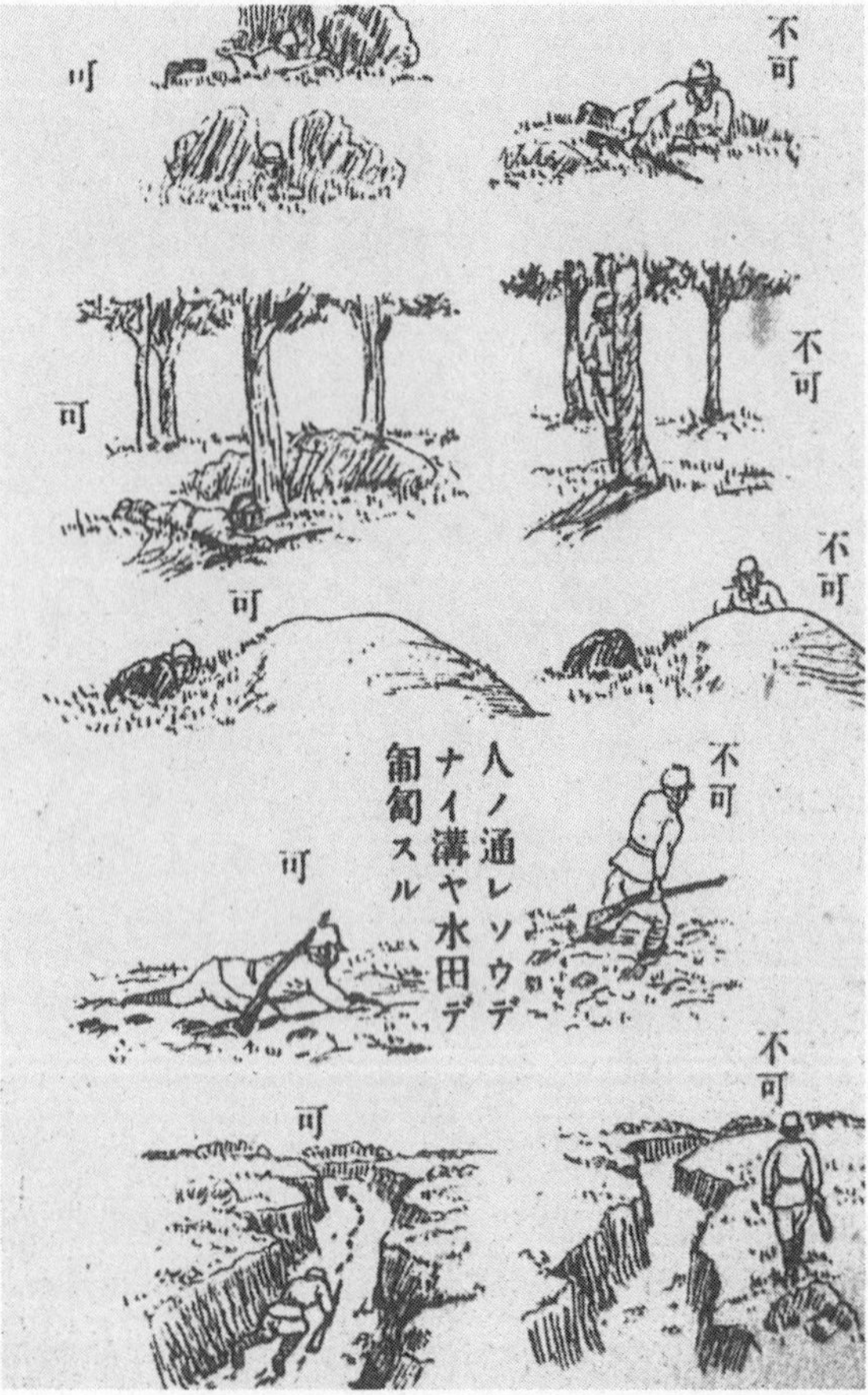
不可
可
不可
可
不可
可
人ノ通レソウデナイ溝ヤ水田デ匍匐スル
不可
可
不可
可

45 「国民抗戦必携」

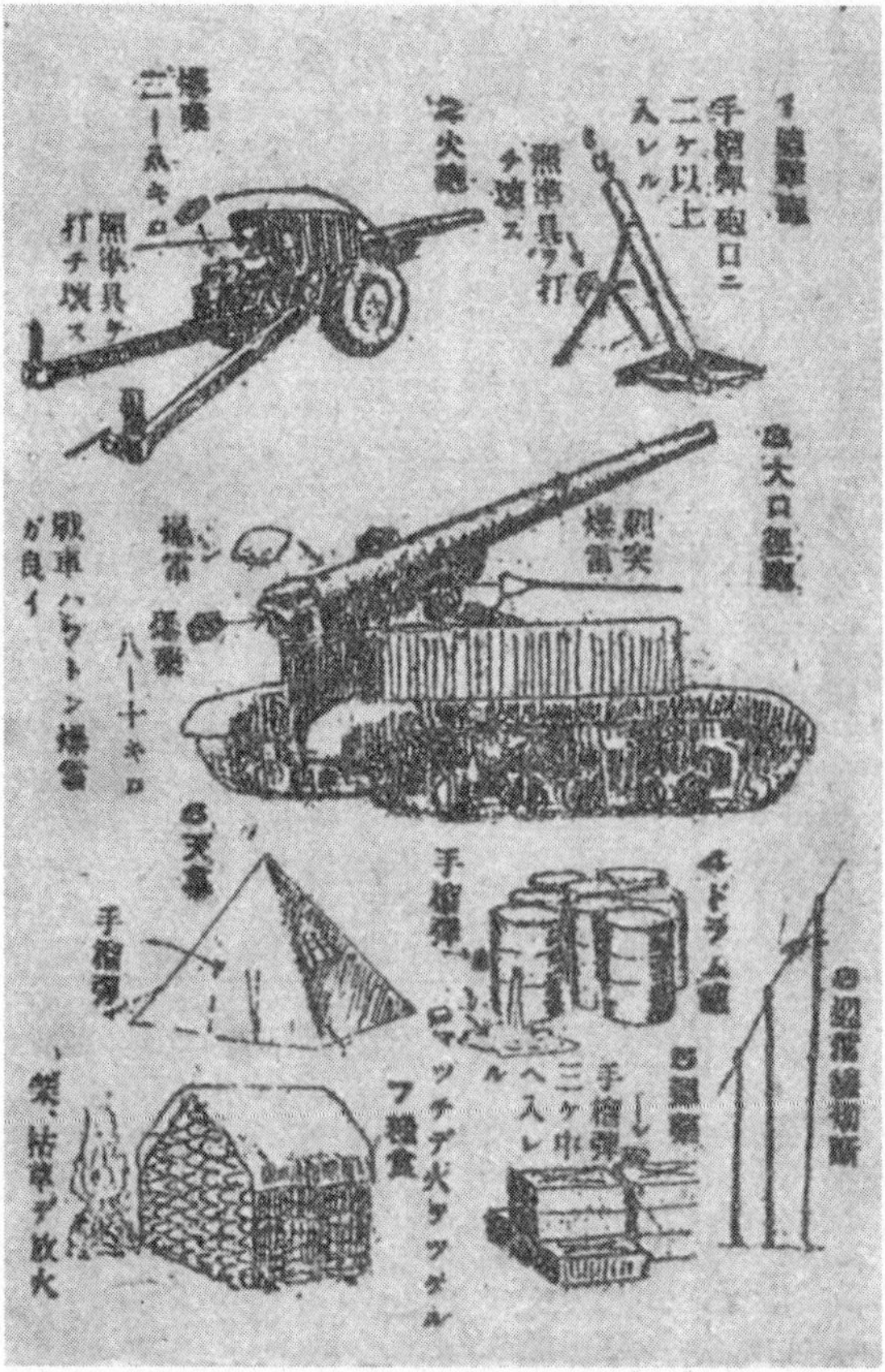

具体的な破壊焼夷方法

第5回「隙を突く臨機應變」

挺身斬込は單に指向せられた敵據點をのみ奇襲攻撃するのにとどまらない
行動の途次といへども状況に應じて敵に大いなる打撃を與へる算が大なれば敢然行動に移るべきであらう
そのため指揮官には臨機の處置が強く要求される所以だ

4、待ち伏せ（遊撃）

其の一　部隊を攻撃

寡兵をもって衆敵を擾亂殺傷することは一に奇襲、奇略による
例へば山の切通し、橋梁部落、森林等に據點を機動中を狙って撃滅するなどがそれである、自動火器での挾撃もよい
また崖の上から木材、土塊を投下する原始的戦闘法も威力を發揮する
その場合も自動車部隊の速度を考へて前方に落し停止したところを狙って

更に雪崩の如く落下させて乗員を殺傷するのである

其の二　敵の油斷に乗ず

敵中へ潜行するためには幾多の警戒網を突破せねばならぬ

特に目標間近に迫ったとき敵歩哨、斥候等に怏々遭遇することは當然考えられる、それらに對する攻撃は隙に乗じて討ちとることにある

即ち油斷に乗じて一人ならば後から刺殺するか一刀両断す、敵が後にもゐたならば將校、機關銃手などそのうちで特に重要な者を狙撃する

また小部隊をなしてゐる場合ならば手榴彈で一擧に爆殺し去るのである

49 「国民抗戦必携」

敵中に潜入してからの攻撃方法

第6回「一擧に敵陣を覆滅」

5、挺身攻擊

其の一　一般の要領

行動が隱密なるべきことは既説したごとくであるが攻擊目標たる敵據點に入ればその警戒が厳重を極めること言またぬ歩哨、軍犬、マイクロフォン、各種鐵條網とあらゆる器材を駆使してゐることは南海の島嶼、比島はもちろんビルマの各作戦において見られたところである

一般要領を擧げると①道路を通らぬこと②潛伏點より愼重に敵情を偵察③巡察などに目をくれず攻擊發起の位置につく④かくて攻擊を敢行⑤退避に當つては各自分散行動をとり所定せる位置に集合する

行動は夜間が效果的である

其の二　敵の注意を一方に引き付けてか他方から攻撃せよ
斬込とはいへ戦闘の原則から逸脱したものではない、主攻、陽攻千變萬化の攻撃方法がとられるのだ
例へば組の一人がドラム罐などを爆發させ、狼狽する敵がそれらに氣をとられてゐる時、主力は迂回して飛行機や燃料其の他重要目標を爆破したりする
ここに挺身の命令は果たされるのだ
其の三　多方面同時攻撃
また攻撃は挺身隊の全力をあげて一目標のみならず、あらゆる敵戦力の撃滅を期さねばならぬ
ガダルカナル島以來のわが挺身隊の行動はすでに詳細に報道され一億の血を沸かせたが、今こそわれら直接の範とすべき秋を迎へたといふべきである

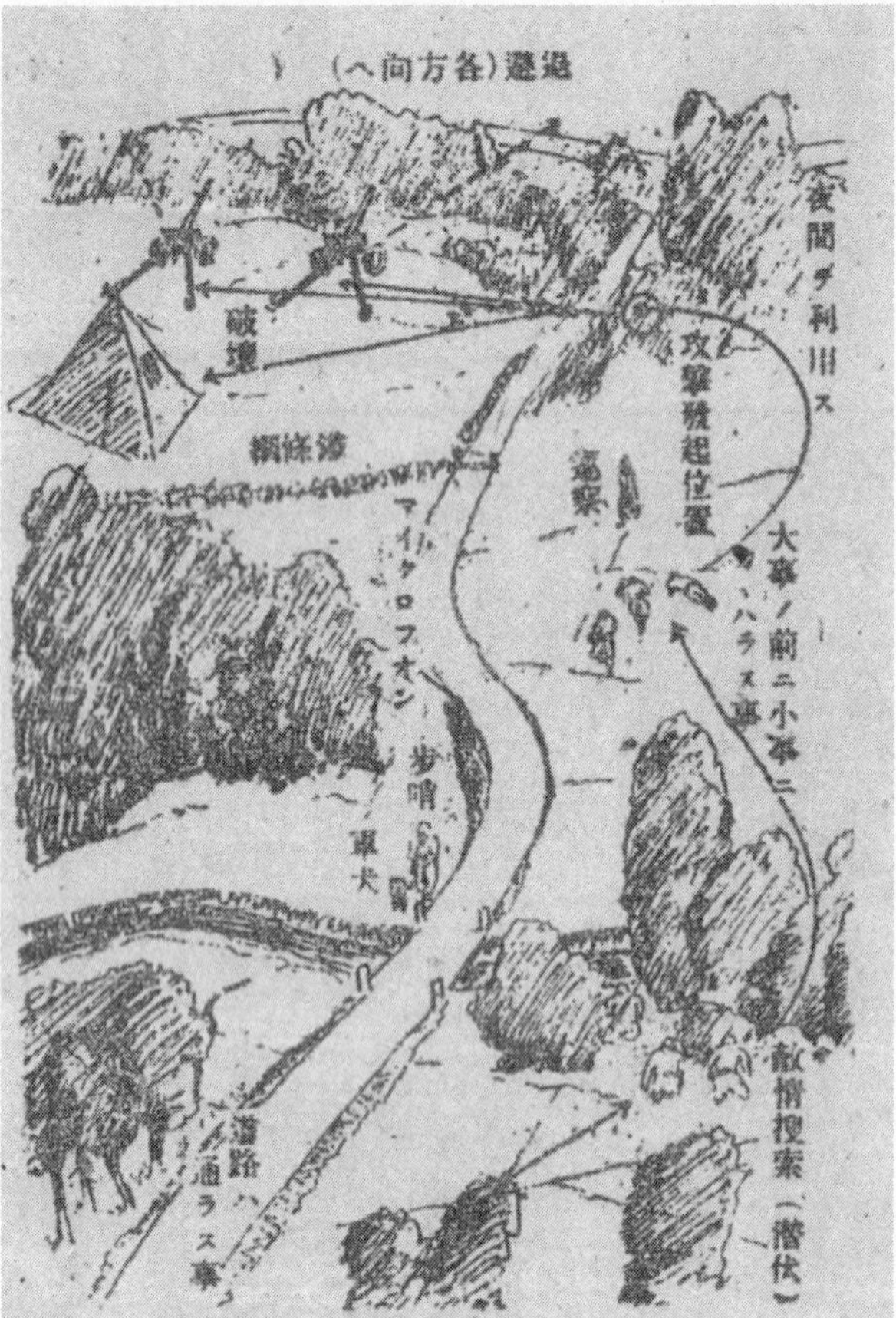
退避（各方向へ）
夜間ヲ利用ス
破壊
鐵條網
攻撃發起位置
偵察
大事ノ前ニ小事ニ
ヽハラヌ事
マイクロフオン
歩哨
軍犬
道路ハ通ラヌ事
敵情捜索（潜伏）

挺身攻撃の要領①

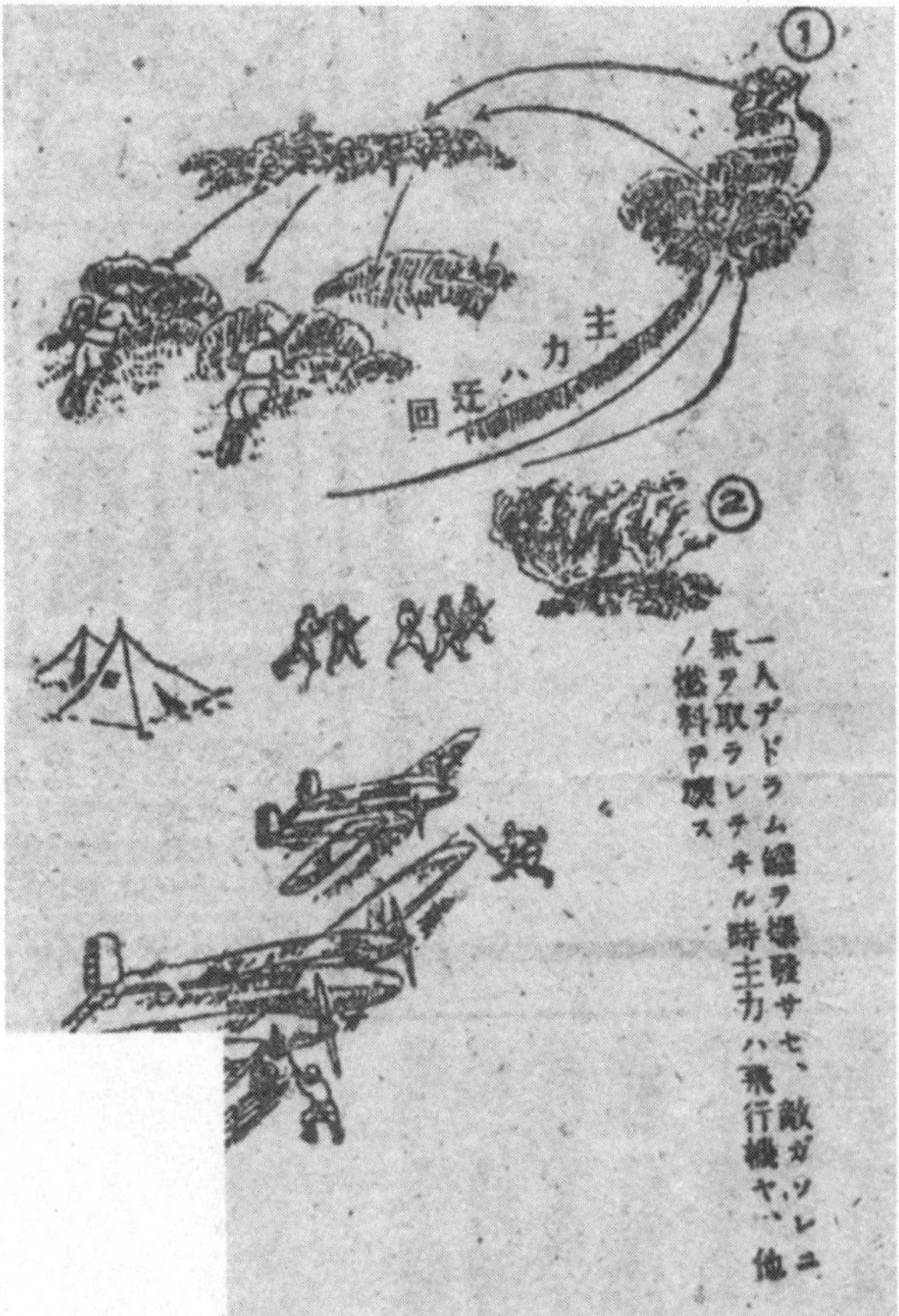

挺身攻撃の要領②

挺身攻撃の要領③

第7回 「空挺殲滅は果敢迅速」

六、對空挺戰闘

本土を狙ふ敵が侵攻を敢てする場合、水際へ舟艇を殺到させるとのみと考へることはできない、歐州の戰例をみても海上と同時に空挺師團をもつて陸地後方へ大量降下してゐるではないか

かゝる秋こそ戰闘義勇隊は軍とともに或は單獨で敵を撃滅し去る決意を堅持せねばならぬ

1、障害物

そのため降下の公算大なる地域には軍の命令によつて着地妨害を行ふ大きな道路には亂杭、地雷などを置き平地には大八車や石、木材などをならべて滑空機の安着を不可能ならしめる等これである

2、對空挺戰闘の一般

また敵の戰法から見ると單獨な空挺部隊のみではやつて来ない必ず戰爆總力をあげての協力の下に銃爆撃の援護をもつて襲ひかゝつてくるから、苛烈なる状況に怯まず果敢に敵兵の一掃を期さねばならぬ

つぎに陸軍教育總監部編纂の圖解と行動要領を揚げておく

敵の空挺部隊に對しては全員一致で迅速に撃滅せよ

①監視は敵の爆撃に恐れぬこと、見間違はぬこと、敵の降下を見たら人をやつて確かめること（敵は人形で騙すことあり）

②連絡はお互に任務を定めて漏れのないやう、知らぬ振りせぬこと、騒ぎ立てぬこと

③報告は迅速なること、ありのまゝに地點と數、種類を報告すること、豫行訓練を行ふこと

④居合はすものは直ちに猛烈に攻撃せよ、敵は着地前が最も弱點なり、果敢拙速なれ

⑤障害は敵の降りさうなところになんでも利用して手輕に作れ、軍の工事に全員協力せよ

⑥要點（橋、倉庫、工場、驛等）を守れ、郷土を守れ、これが國を救ふの

57 「国民抗戦必携」

道なり
敵の降下を急報するため花火、狼火、煙、無電、電話、鳩、馬、自轉車、徒歩あらゆる努力をせよと示す「わが對策」の圖解である

降下作戦の要領

59 「国民抗戦必携」

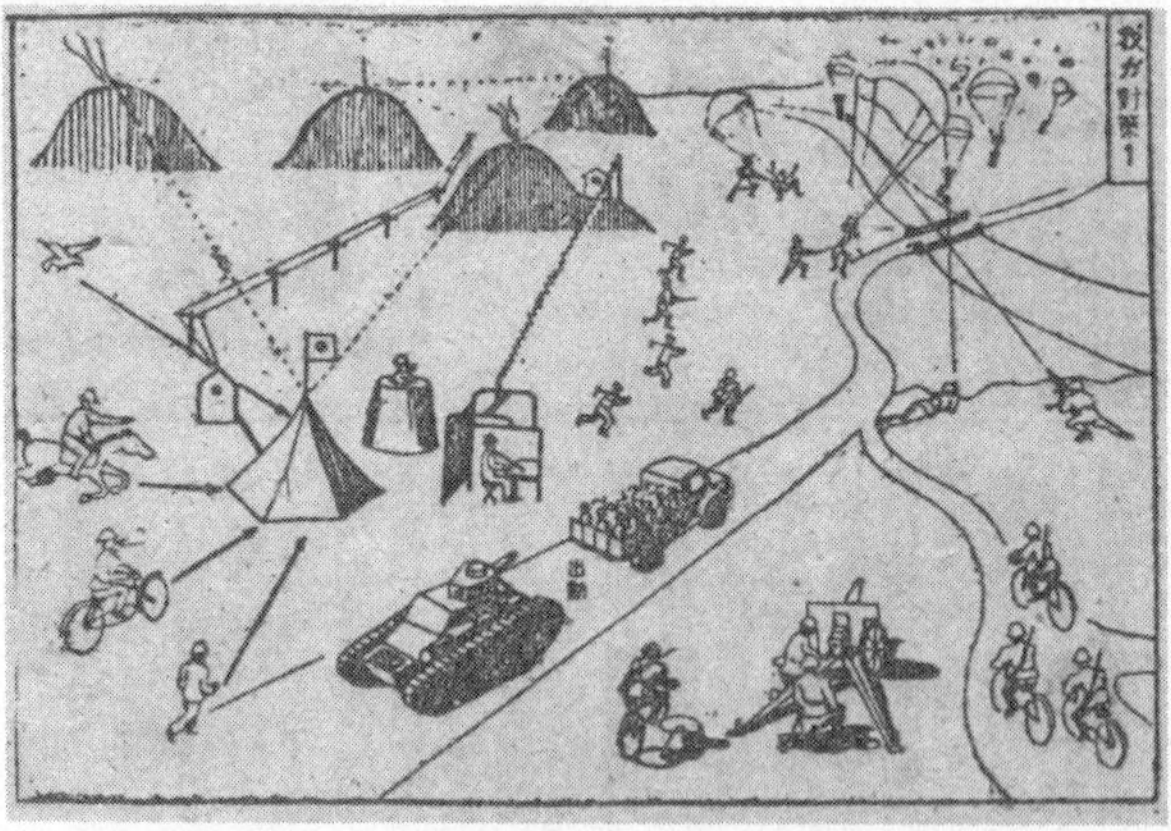

教育総監部編纂の「対空戦闘の要領」より転載された「我ガ對策」

第8回「我ら何物も恐れず」

七、瓦斯、火炎防護

戦闘に於てはあらゆる場合に備へなければならい

ガスはさておき火炎放射器は米軍が上陸戦の陣地攻撃で盛んに使用してゐることは南方の各島嶼戰に見られるところである

いずれもその外様は凄惨苛烈を極めるが、沈着に行動すれば何ら恐る、に足りない

1、瓦斯

防毒面があれば着用するが、無い時はのマスクや手拭い、ガーゼに水をふくませて掛け静かに呼吸をすると同時にできる限り風上、高所へと移動する

イペリット、ルイサイトなど液體で雨下させるものの場合は布や油紙、ミノを被り、毒化されぬ場所へ行なつて焼却せぬとかえって瓦斯を傳播させる

ことになる

種類、特性は次の如きものがある

【一時瓦斯】

▲催涙ガス

①目に染みて涙が出る

②瓦斯がなくなると回復する

△防毒面で完全に防げる

△無色または淡白色の氣體或は煙

▲クシャミ瓦斯

①淡くてもすぐ鼻と喉が痛くなりクシャミが出る

②濃いものを吸ふと胸が痛み嘔吐を催す

③ガスがなくなれば次第に回復し元とおり元氣になる

△防毒面を装しても少し匂ひはするが害を受けることはない

△色は無色または灰白色の煙

▲窒息瓦斯＝ホスゲン

①淡いものでも長時間吸へば濃いものを吸つた時と同様の害を受ける

②濃いものを吸へば二、三時間經つてから咳が出て息苦しくなり重ければ窒息して死す
③淡いものはよく注意してゐないと気がつかぬから知らず知らずの間に多量を吸ふことがある
△防毒面で完全に防げる
△無色又は白色の氣體

【持久瓦斯】

▲中毒瓦斯＝青酸、一酸化炭素
①薄いものを吸ふと頭痛眩暈がする②濃いものを吸ふとすぐ中毒を起こして死ぬ
△防毒面で防ぐ①屋外で害を受けることはない②一酸化炭素は防毒面で防ぐ
△前者は淡泊又は無色の氣體、後者は無色、無臭の氣體である
▲糜爛瓦斯＝イペリツト、ルイサイト
①液が皮膚に着くと十時間位經つてから氣泡を生じ爛れて来る
②氣狀瓦斯は眼を冒しまた之を吸ふ時は呼吸器を害す

△液状のときは黒褐色であるが、氣化すると無色になる

2、火炎防護

火炎放射器はもともと近接兵器であるから、到達距離を見極はめ地物によつて發射手を狙撃して仆せば勝ちだ

たとへ火焔を吹きかけられたとしても騒がず濡れムシロ、水に浸した笠、天幕などで遮りつゝ敏速に待機して横かにら發射手を攻撃する

雨下する焼夷彈と闘ひ勝つたわれらにすればこの火焔など、物の數でもないはずではないか【完】

火焔発射手ヲ物カゲカラ狙ヒ撃チシテ殺ス
火焔ヲ吹キカケラレタラサワガズ濡レムシロ、笠、天幕ナドデ遮リ速ニ横ノ方カラ攻撃スル

火炎に対する防護要領

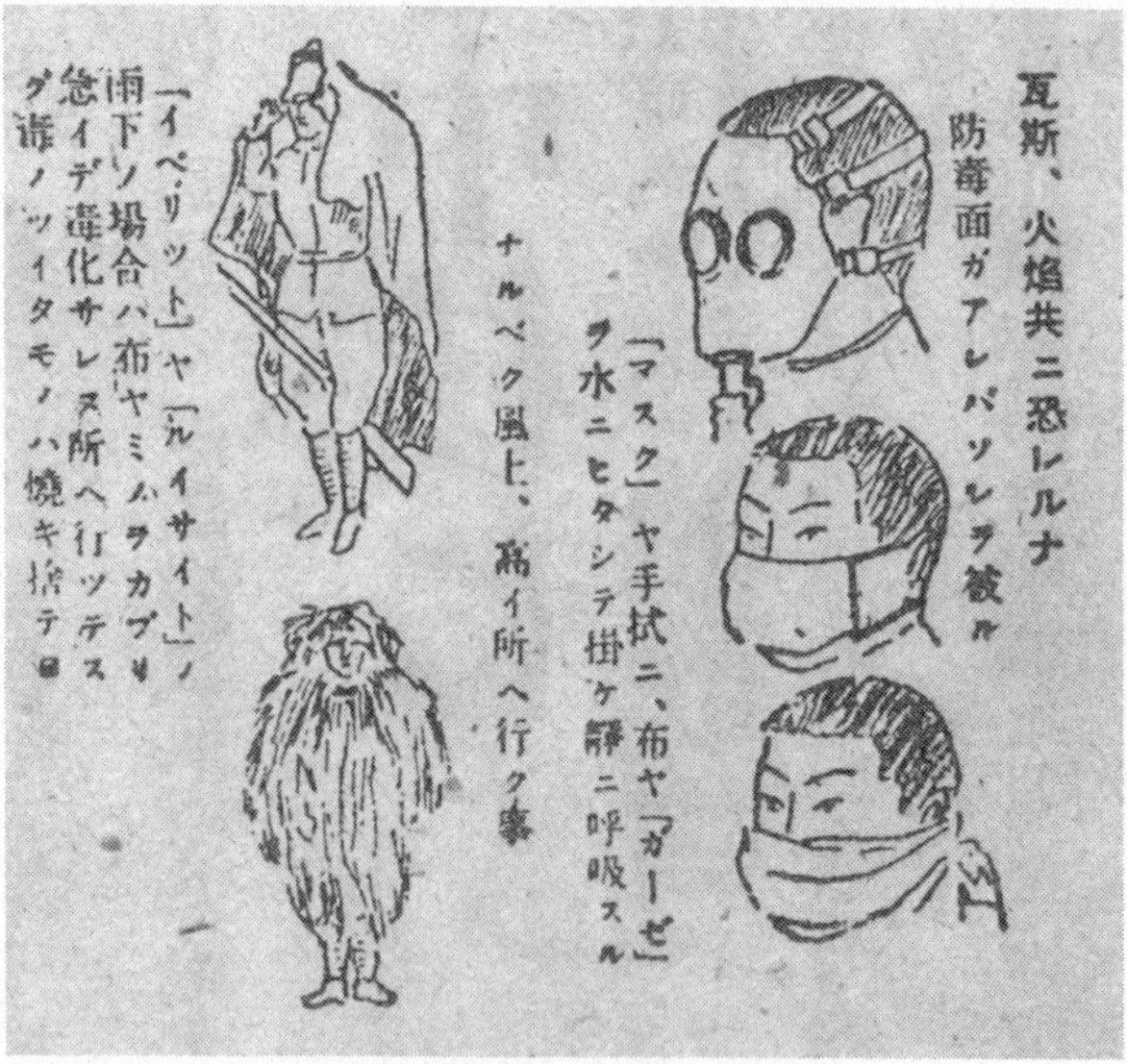
瓦斯、火焔共ニ恐レルナ
防毒面ガアレバソレヲ被ル
「マスク」ヤ手拭ニ、布ヤ「ガーゼ」
ヲ水ニヒタシテ掛ケ静ニ呼吸スル
ナルベク風上、高イ所ヘ行ク事
「イペリット」ヤ「ルイサイト」ノ
雨下ノ場合ハ布ヤミムヲカブリ
急イデ毒化サレヌ所ヘ行ッテス
グ液ノツイタモノハ焼キ捨テ

科学戦の対策

「国民築城必携」

藤田昌雄編

昭和二十年四月十二日になると、「大本営陸軍部」は本土決戦にそなえた「国民義勇隊」専用の築城マニュアルである「国民築城必携」を発行した。「国民築城必携」は表紙をふくむ全三十二ページの図入りの絵解きスタイルの小冊子であり関係部署への配布とあわせて、「国民抗戦必携」同様に新聞でも掲載された。

「国民築城必携」は「要旨」につづいて、「砲弾及爆弾の貫徹力」「爆弾の威力と築城」「小銃、機関銃、軽機関銃、機関短銃、野砲、長距離砲、戦車砲」「ロケット砲、迫撃砲」「艦砲射撃」「水平爆撃」「機銃掃射」では敵砲爆撃の威力を紹介し、「陣地を作る一、部落」「陣地を作る二、狭い道や橋」「陣地を作る三、盆地」「陣地を作る四、山道、森林」では各地形に応じた陣地構築法を示し、「一小隊の陣地」「一分隊の陣地」「蛸壺（一人用散兵壕）」「交通壕」「横穴式洞窟」では具体的な陣地構築、「防空壕の一例」では簡易な防空壕の構築、「対戦車障害物（其一）」「対戦車障害物（其二）」では対戦車障害の構築と対戦車肉薄攻撃の方法を示し、「対人障害物（其一）」「対人障害物（其二）」では対人障害の構築法、「斬込隊の潜伏根拠地」では斬込隊の拠点構築の方法、「築城の順序」では具体的な築城の進め方、「交通（其一）」「交通（其二）」では戦闘部隊の交通路確保と待機場所や迂回路の構築法を示し、「自動車砲車掩体」「横穴式砲車掩体」では道路に沿った自動車と砲車の掩体の構築法、「道路、橋の破壊」では道路や橋梁の破壊方法が示されていた。

「要旨」には、以下の四条が記されていた。

要旨

一、築城ハ軍ノ指導ノ下ニ造ルヲ建前トスル。本冊子ハソノ作リ方ノ参考デアル。

二、軍指導以外ノ土地モ皇國守護ノ爲、全國民ハ各人ノ郷土ヲ要塞化シ對敵戰闘ヲ容易ナラシムル爲、築城ヲ實施セネバナラヌ。

三、築城ノ中、最モ大切ナノハ對戰車障害デアル。

四、敵モシ來寇スル時ハ軍ノ指導ニ従イ、各人ハ其郷土要塞ニ據ッテ戰闘シ徹底的ニ抗戰セネバナラヌ。

以下に「国民築城必携」の全内容を示す。

「国民築城必携」の記載内容には、最初に敵の爆撃、艦砲射撃、砲撃による破壊程度を紹介するとともに、具体的な国民義勇隊による陣地構築の手法と、敵上陸に際しての反撃部隊の道路通過時の支援方法が示されているほか、国民による国内ゲリラ戦の拠点構築の方法や対戦車障害、対人障害の構築法が緻密に記されている。

このことからマニュアル発行の昭和二十年四月十二日の時点で先の「国民抗戦必携」（四月二十五日発行）の存在とあわせて、同年六月の「国民義勇戦闘隊」の編成計画以前より「国民義勇隊」は平時には軍の築城、輸送、災害復旧等の後方支援に従事するものの、敵上陸に際しては後方支援とともに軍に協力してゲリラ戦をメインとした戦闘部隊に転用されることが計画されていた。

P1 「表紙」

「国民築城必携」は「国民抗戦必携」と同じく、全国民に配分が不可能な点から表紙には、「（増刷許可ス、此ノ場合ハ○○複寫トスルコト）」と記載されている。

裏表紙を兼ねたP31、P32は白紙である。

P2 「要旨」

要旨には軍主導の下の築城と、徹底抗戦が記されている。

P3「砲弾及爆弾の貫徹力」

艦砲射撃、重砲、野砲、小火器、爆弾に対抗する陣地構築の参考として、軟土に対しての「四十センチ砲弾」「二十センチ砲弾」「七・五センチ野砲弾」「二十ミリ機関砲弾」「小銃、機関銃弾」「一トン爆弾」「五百キロ爆弾」「二百五十キロ爆弾」「百キロ爆弾」の貫徹能力が記されている。

P4「爆弾の威力と築城」

陣地構築の参考として、投下された「一トン爆弾」「五百キロ爆弾」「二百五十キロ爆弾」「百キロ爆弾」に対して、「蛸壺」「伏せ」「立姿」での安全距離が記されている。

P5「小銃、機関銃、軽機関銃、機関短銃、野砲、長距離砲、戦車砲」

「小銃」「機関銃」「軽機関銃」「機関短銃」「野砲」「長距離砲」「戦車砲」の最大射程が示されている。

P6「ロケット砲、迫撃砲」

「ロケット砲」と「迫撃砲」の最大射程が示されている。

P7「艦砲射撃」

沖合三万メートルより四十センチ砲で砲撃する「戦艦」と、沖合一万五千メートルより二十センチないし十二・七センチ砲で砲撃する「巡洋艦」「駆逐艦」の図が記されている。「非常ニ遠クトドク弾丸ノ威力ガ大キイ、シカシ築城ヲシテイレバ恐ロシクナイ」との解説が添えられており、圧倒的な砲撃でも築城により耐えることができることを示している。

P8「水平爆撃」

橋梁に対する「B二十四型多重爆撃機」の三機編隊による水平爆撃の状況が図示されており、爆撃の方法が「一斉投下ト連続投下トアル」と爆撃形態の説明とともに、「2000以上10000前後」と爆撃高度の説明が添えられている。

P9「機銃掃射」

三機編隊の単発機による地上施設に対する機銃掃射の状況が記されており、機銃掃射の主体が「13㎜機銃ヲ主トスル 20㎜ノモノモアル」と機銃の口径の主体が十三ミリ機銃であることと、「爆撃又ハロケット射撃ヲ併用スル事ガ多イ」「通常曳航弾ヲマゼテ射ツ」と銃撃に平行して爆撃とロケット攻撃が行なわれることと、銃撃に際しては通常曳航弾がもちいられることが記されている。

また、あわせて機銃掃射の襲撃角度が十〜四十五度であることが記されている。

P10「陣地を作る一、部落」

部落地帯での陣地の構築要領であり、農耕地間にある道路を侵攻してくる戦車をともなう敵部隊に対する陣地からの攻撃要領が図示されている。

「戦車ニ随伴スル歩兵ヲ射ツ戦車ハ肉薄攻撃デ破壊スル」との説明文が示すように、射撃により敵戦車と敵歩兵とを分離する「歩戦分離」とあわせて、陸上での最大の脅威となる敵戦車に対しては「肉薄攻撃」で対抗することが記されている。

P11「陣地を作る二、狭い道や橋」

敵が蝟集して進撃速度が落ちる狭隘な道路や橋梁地帯での待伏せ要領であり、あらかじめ構築した陣地よりの歩戦分離射撃とあわせて、戦車に対する肉薄攻撃を敢行する。

Ｐ12「陣地を作る三、盆地」

周囲を高地に囲まれている盆地での待伏せ攻撃の要領であり、「敵ノ全身ヲ待チ構ヘテ四方カラ一斉ニ攻撃スル」とあるように、あらかじめ定めておいた殲滅地域（キルゾーン）に入り込んだ敵に対して一斉攻撃を行なう。

Ｐ13「陣地を作る四、山道、森林」

見通しが悪く狭隘な区山道や森林内を通過する敵に対する攻撃要領であり、「道ノ曲リ角ニ障害物（石、防材等）ヲ設ケ又道路ヲ破壊スル」との説明があるように障害物で敵の足止めをしつつ攻撃を行なう。

Ｐ14「一小隊の陣地」

交通の要衝部分に構築する小隊陣地の構築法が「大体正三角形ニ配置スル」との解説とともに図示されており、各辺百メートルの正三角形の陣地構築例が示されている。

三角形の各辺部分には分隊陣地があり、各分隊陣地は交通壕で連絡されており、あわせて対空遮蔽がほどこされた。

P15「一分隊の陣地」

前掲の「一小隊の陣地」につづき各分隊の「一分隊の陣地」の構築法が図示されており、六メートル間隔で「個人掩蓋」が構築されている。

P16「蛸壺（一人用散兵壕）」

「蛸壺（一人用散兵壕）」の構築要領であり、上部直径一メートル×底部直径〇・六メートル×高さ一・三メートルの円柱形の壕の周囲には、掘削した土をもちいて一メートルの幅で円形に胸土を設けるとともに、壕底部には砲爆撃を避けるための掩蔽棲息部分が設けられている。また、壕底部には排水対策としてバラス（砕石）や木を敷くとともに、対空偽装の設置が求められている。

この「蛸壺」は「対戦車肉薄攻撃」の肉攻班の待機陣地にももちいられたほか、「蛸壺」を交通壕で連結することで、前掲の「一分隊の陣地」の「個人掩蓋」を構築することができる。

P17「交通壕」

各陣地間を繋ぐ「交通壕」の構築方法であり、高さ一七メートル×底部幅〇・五メートル×上部幅一メートルの壕は、砲爆撃や機銃掃射による被害軽減のために八メートルごとに屈曲させるように構築するとともに、壕の天井部分は草木で覆って対空偽装をほどこすこととされた。

また配水面では、「水ガタマラヌ様ニスル（傾斜ヲツケ、又ハ左図ノ様ニスル）」との記載のように、壕底部に板を敷いてその下に排水溝を構築したり、底部にバラスを敷き詰めるほか、土管とバラスをもちいた「水抜井戸」の設置方法など具体的な排水対策が図示されている。

P18「横穴式洞窟」

「横穴式洞窟」のタイトルで、斜面を利用した棲息場所を兼ねた坑道陣地の構築が記されており、掘削した二本の横穴の間に棲息部分を構築するとともに、排水と換気のために勾配を設けることが記されている。

天井部に相当する地面は八メートル以上の厚さを持たせるとともに、入口部分には砲爆撃の爆風対策として幅一・五メートルの「爆風除」を設けることになっていた。

また、軟質の土壌での構築に際しては出入口の崩落防止のため、木材をもちいた出入口の補強方法が図示されている。

P19「防空壕の一例」

補強をほどこさない簡易な野外防空壕の構築法の一例が図示されており、掘削した地面に対して天井部分に十センチ丸太を敷き詰めてから四十センチの厚さに土を覆うことが記されている。

注意事項には、対空対策として「偽装ニ注意スルコト」、防水対策として「水ガタマラヌ様ニスル」との記載とあわせて、補強のほどこされていない素掘りの壕の崩落防止のために「上ノ土ハ四十糎以上絶対カケヌコト」と記されている。

P20「対戦車障害物（其一）」

本土決戦時の砲爆撃と並ぶ大きな脅威である敵戦車に対する対戦車障害物の構築方法であり、一つ目は道路や土手の片方を切り取って構築した高さ三メートルの対戦車障壁であり、もう一つは耕作地や生垣や森林の端に全長七メートル×高さ三メートルの三角形の戦車壕を掘る方法である。

また、停止した戦車に対しては側面から射撃による撃破とあわせて、上面や背面から肉薄攻撃を仕掛けることが記されている。

Ｐ21　「対戦車障害物（其二）」

前頁につづく対戦車障害物の構築方法であり、小川を改造した幅七メートル×深さ三メートル×水深〇・五メートルの水濠、道路上に設置する全長七メートル×幅五メートル×深さ三メートルの「陥穽」と呼ばれる落とし穴、樹木間に直径三十センチの丸太を横に渡して構築した「防材」、岩石を利用した対戦車障害の四つの障害物の構築法が図示されている。

Ｐ22　「対人障害物（其一）」

敵の侵攻を遅らせるための対人障害物の構築法であり、一つ目は「森林地帯の障害物」のタイトルで立ち木を倒して障害地帯を構築する方法が記されており、二つ目には古来からある樹木をもちいた「逆茂木」の設置方法が記されている。

Ｐ23　「対人障害物（其二）」

前頁につづく対人障害物の構築方法であり、草原地帯で敵の足を絡める「竹柵」と、平原地帯でもちいる「竹串」が紹介されている。このほか、蔦でカモフラージュした「竹串」で敵を転ばして地面に設置した竹串に突き刺す仕掛罠（ブービートラップ）の構築法も記されている。

P24「斬込隊の潜伏根拠地」

本土決戦では圧倒的な敵侵攻軍に対して正面からの反撃とあわせて、徹底した挺身斬込と遊撃戦（ゲリラ戦）準備されていた。この遊撃戦には陸海の正規軍とあわせて「地区特設警備隊」のほかに地の利に明るい「国民義勇戦闘隊」も参加するため、「斬込隊」の潜伏根拠地の構築方法が図示された。

潜伏根拠地は「森林内」「平地の草むら」「藁などの下」「馬小屋など」等の地下に、潜伏拠点を作ることが奨励され、あわせて出入り口には偽装をほどこすよう指示された。

P25「築城の順序」

塹壕の構築法と偽装法が示されており、最初に陣地構築の予定地に糸をもちいた経始を行ない、つづいて地面の掘削と廃土を壕の両側へ堆積させる方法が示されている。また、敵の圧倒的な制空下での陣地に対しての偽装方法として、離れた箇所より芝を切り取ってきて、壕の周囲を覆っての対空偽装を行なう方法が図示されている。

P26 「交通（其一）」

「橋ヤ山地ノ出入口ニハ部隊ガ待機スル場所ヲ作ル」との記載があるように陸海軍の決戦部隊の反撃に際して、渡河のために反撃部隊が密集する橋梁手前や、混乱が予想される部隊が退避していた山岳地帯の出入口の近隣には、本道の周囲に部隊待機用の掩体を構築するとともに迂回路の構築を行なう。

P27 「交通（其二）」

「河ニハ橋横ニ渡渉場ヲ作ル」とあるように、反撃に際しては敵の空襲により本道と橋梁の破壊が予想されるため、本道に沿った迂回路を構築するとともに橋梁の近郊には徒歩で渡河可能な渡渉場を設置する。

P28 「自動車砲車掩体」

昼間の自動車遮蔽や空襲時の緊急退避用として、道路脇にあらかじめ構築する自動車用掩体壕の構築法が図示されており、図のように全長五メートル×幅三メートル×深さ二メートルの半地下式のスタイルで自動車は前部より壕に入れるスタイルがとられている。

また、壕には降雨に対する排水溝と、防火用の砂や水や莚の設置が求められており、「水ガタマラヌ様ニスル」「防火用ノ砂、水、莚等ヲ準備スル」との記載がある。壕の周囲には機銃掃射や爆撃時の爆風被害から車両を守るため、壕の掘削作業の際に出た廃土を利用して幅一メートル×高さ〇・五メートルの胸壁を構築するほか、壕の構築場所として対空偽装を考慮して「木ノ下ナド利用シ偽装ニ気ヲツケル」と注意喚起されていた。

P29「横穴式砲車掩体」

道路脇の断崖部分の側面を掘削しての火砲用掩体壕の構築法が図示されており、全長七メートル×幅三メートル×高さ一・八メートルと具体的な掩体壕の寸法が明記されている。

また、敵の航空偵察により、構築に際して出た廃土の投棄場所から掩体壕の位置が暴露しないように「土ヲ捨テル場所ニ注意シ上空カラワカラヌ様ニスル」との注意書きが添えられている。

P30「道路、橋の破壊」

侵攻してくる敵部隊に対する遅滞策や、撤退に際しての道路破壊方法が図示されており、道路面に対して交互に全長三メートル×深さ一メートル×幅〇・八メートルの穴を掘る。

また、木製の橋梁の破壊の場合は、芝や枯草を点火剤にして焼却する。

なお、道路や橋の破壊に際しては「ヤル時ハ軍ノ命令ニ依ルコト」と明記されている。

〈本稿は藤田昌雄『日本本土決戦』潮書房光人新社より転載、一部訂正〉

85 「国民築城必携」

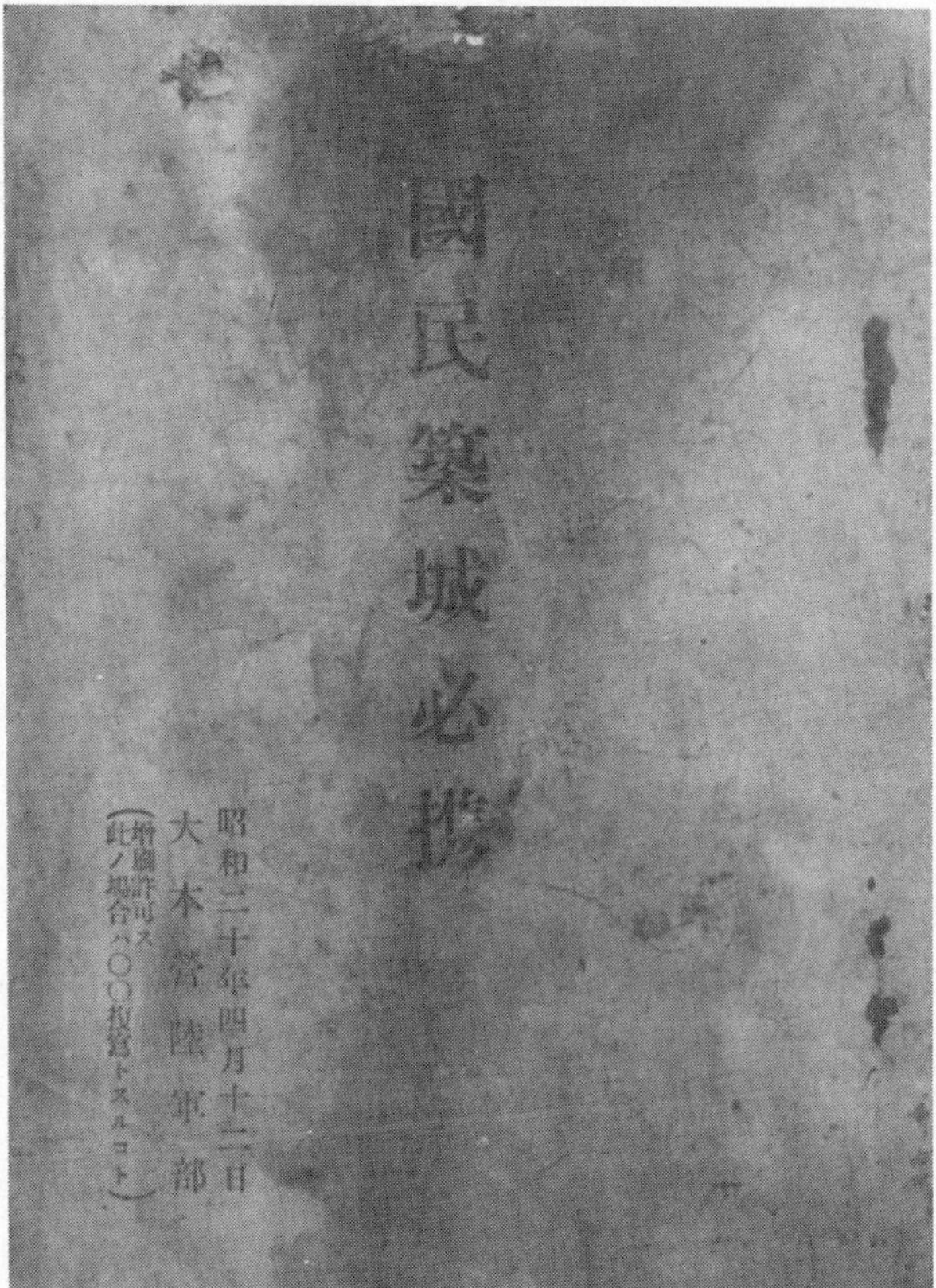

要旨

一、築城ハ軍ノ指導ノ下ニ造ルヲ立前トスル本册子ハソノ作リ方ノ參考デアル

二、軍指導以外ノ土地モ皇國守護ノ爲全國民ハ各人ノ郷土ヲ要塞化シ對敵戰鬪ヲ容易ナラシムル爲築城ヲ實施セネバナラヌ

三、築城ノ中最モ大切ナノハ對戰車障碍デアル

四、敵モシ來寇スル時ハ軍ノ指導ニ從ヒ各人ハ其郷土要塞ニ據ツテ戰鬪シ徹底的ニ抗戰セネバナラヌ

87 「国民築城必携」

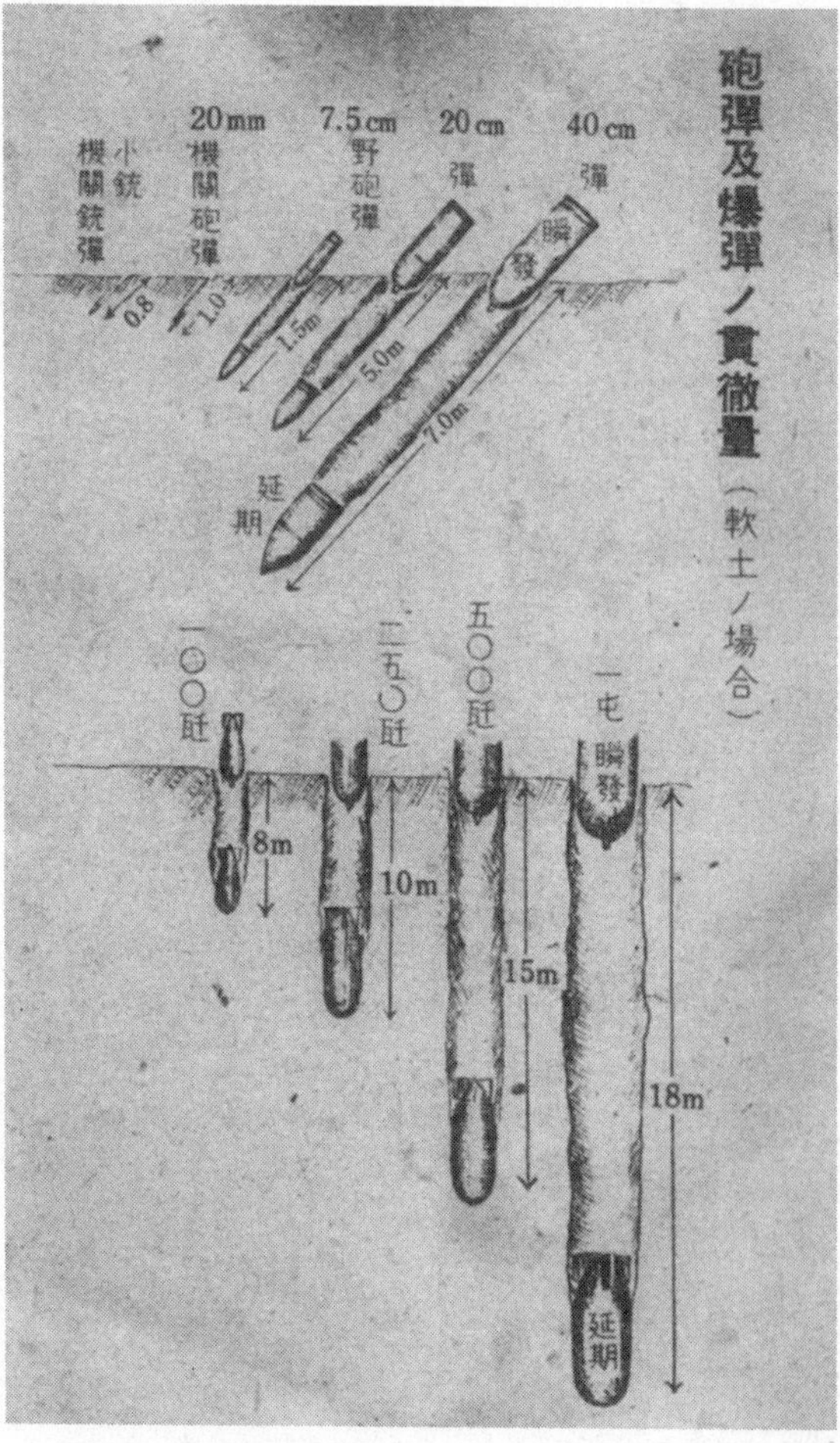
砲彈及爆彈ノ貫徹量（軟土ノ場合）
小銃機關銃彈
20mm 機關砲彈
7.5cm 野砲彈
20cm 彈
40cm 彈
瞬發
延期
0.8
1.0
1.5m
5.0m
7.0m
一〇〇瓩
二五〇瓩
五〇〇瓩
一屯
瞬發
延期
8m
10m
15m
18m

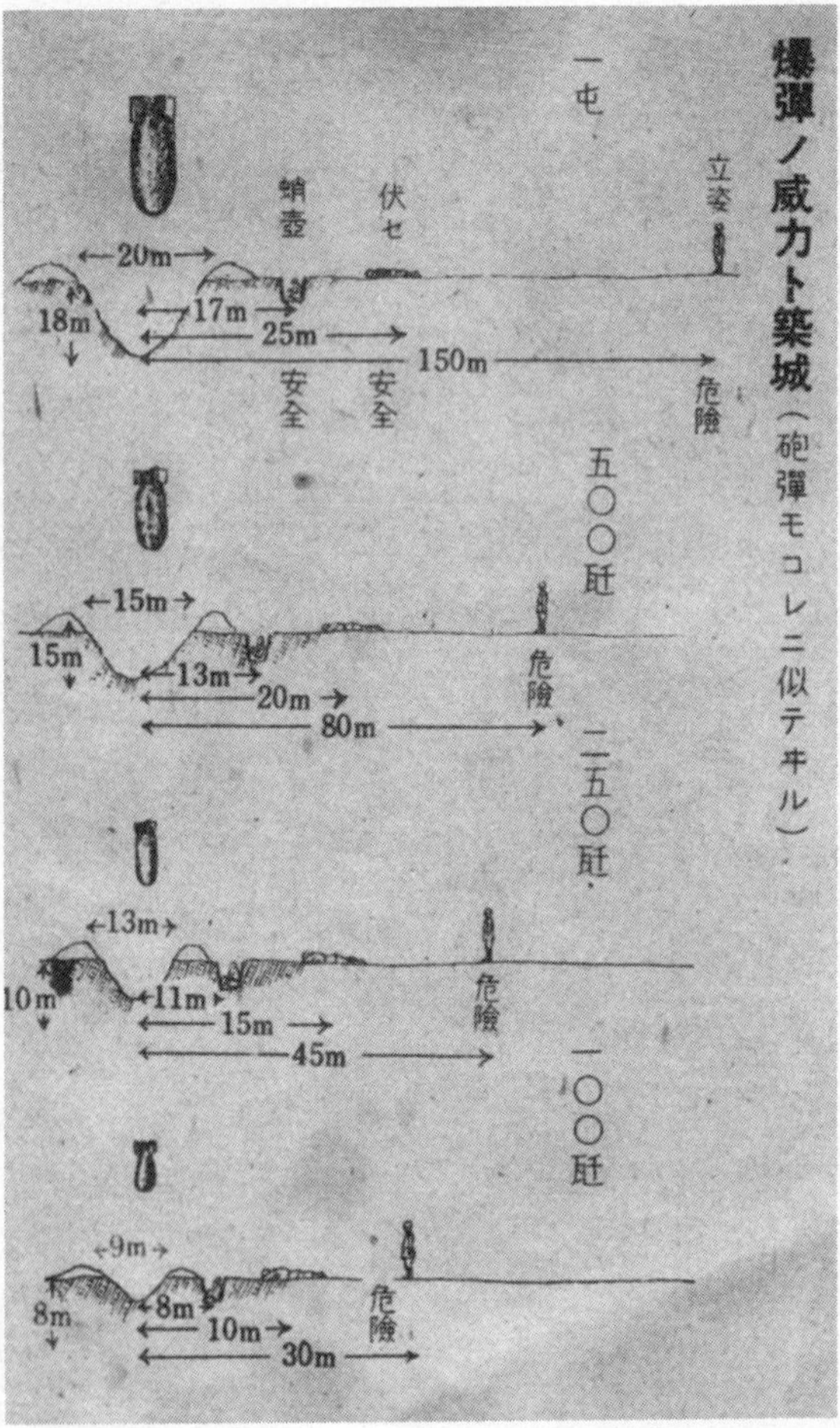
爆弾ノ威力ト築城（砲弾モコレニ似テヰル）
一屯
立姿
蛸壺
伏セ
20m
18m
17m
25m
150m
安全
安全
危険
五〇〇瓩
15m
15m
13m
20m
80m
危険
二五〇瓩
13m
10m
11m
15m
45m
危険
一〇〇瓩
9m
8m
8m
10m
30m
危険

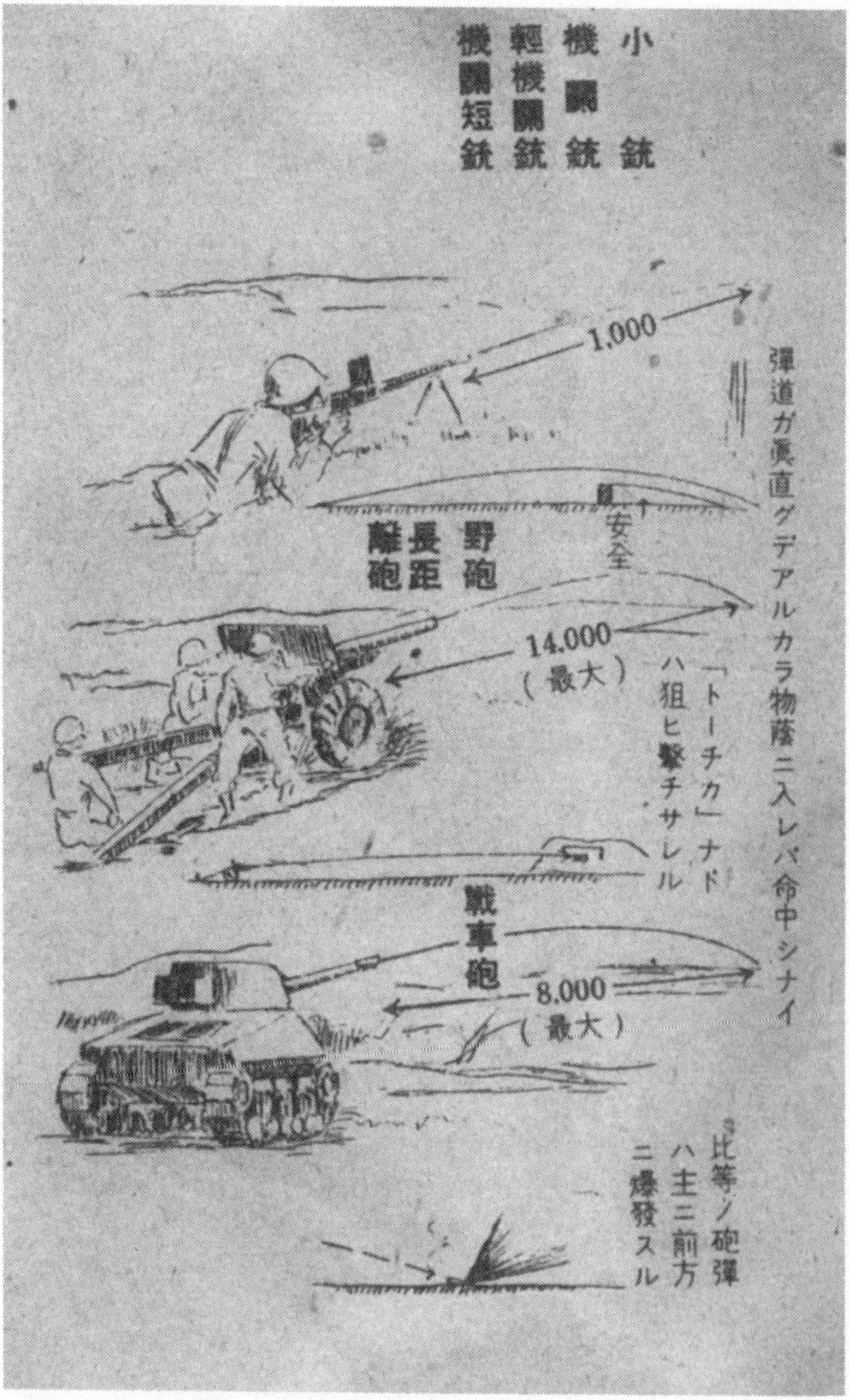
小銃
機関銃
軽機関銃
機関短銃
1,000
弾道ガ真直グデアルカラ物蔭ニ入レバ命中シナイ
安全
野砲
長距離砲
14,000
(最大)
「トーチカ」ナドハ狙ヒ撃チサレル
戦車砲
8,000
(最大)
此等ノ砲弾ハ主ニ前方ニ爆発スル

ロケット砲
弾道ガ曲ッテキルカラ
山ノ後マデ射テル
焔ノ尾ヲ引クノデ大キ
ク見エル
3000〜7000
迫撃砲
此等ノ砲弾ハ
四方ニ爆發スル
(最大)
5000〜8000

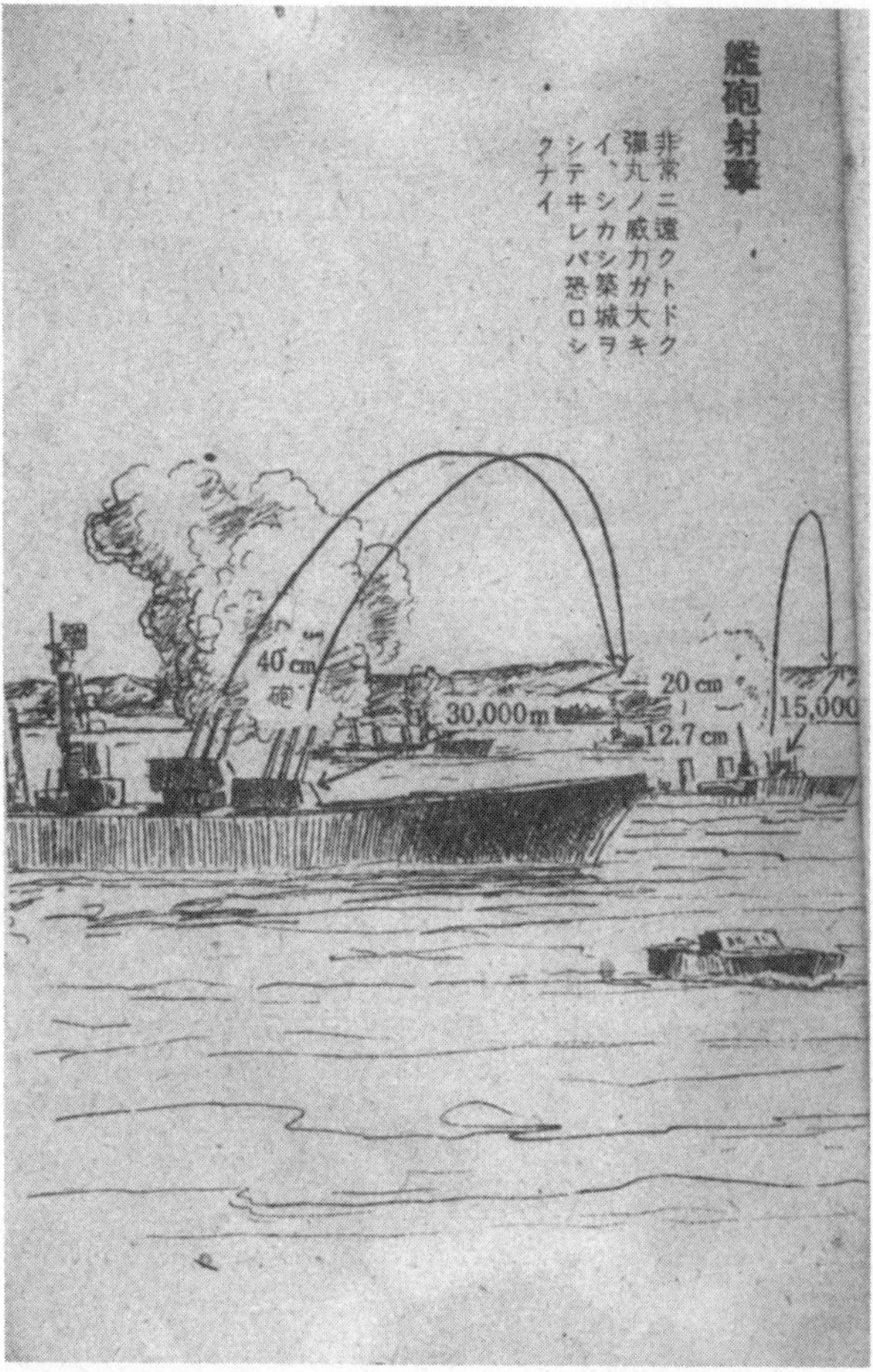
艦砲射撃
非常ニ遠クトドク弾丸ノ威力ガ大キイ、シカシ築城ヲシテヰレバ恐ロシクナイ
40cm砲
30,000m
20cm
12.7cm
15,000

水平爆撃
一齊投下ト連續投下トアル
2,000以上10,000前後

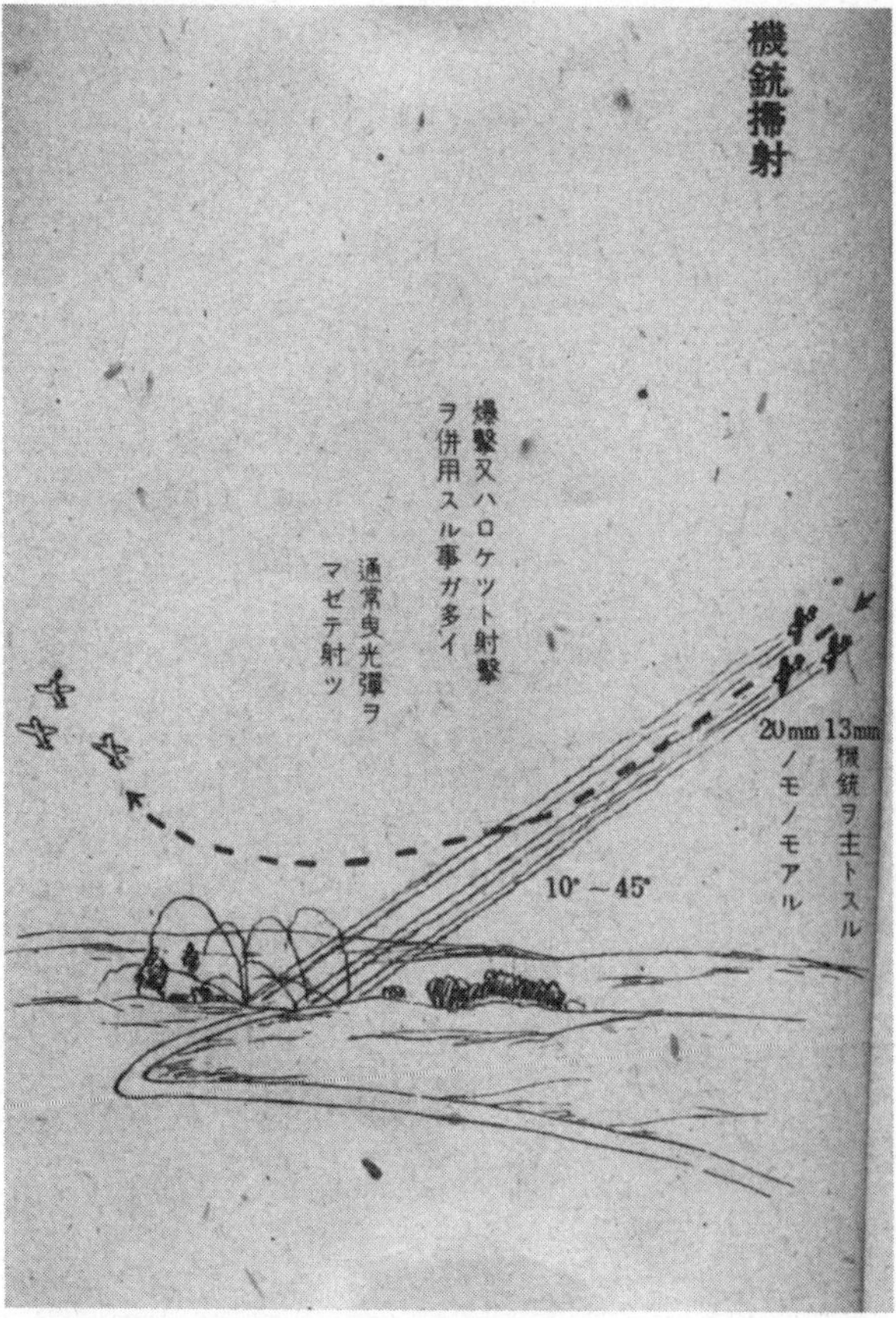
機銃掃射
爆撃又ハロケット射撃ヲ併用スル事ガ多イ
通常曳光弾ヲマゼテ射ツ
20mm 13mm
機銃ヲ主トスル
ノモノモアル
10°～45°

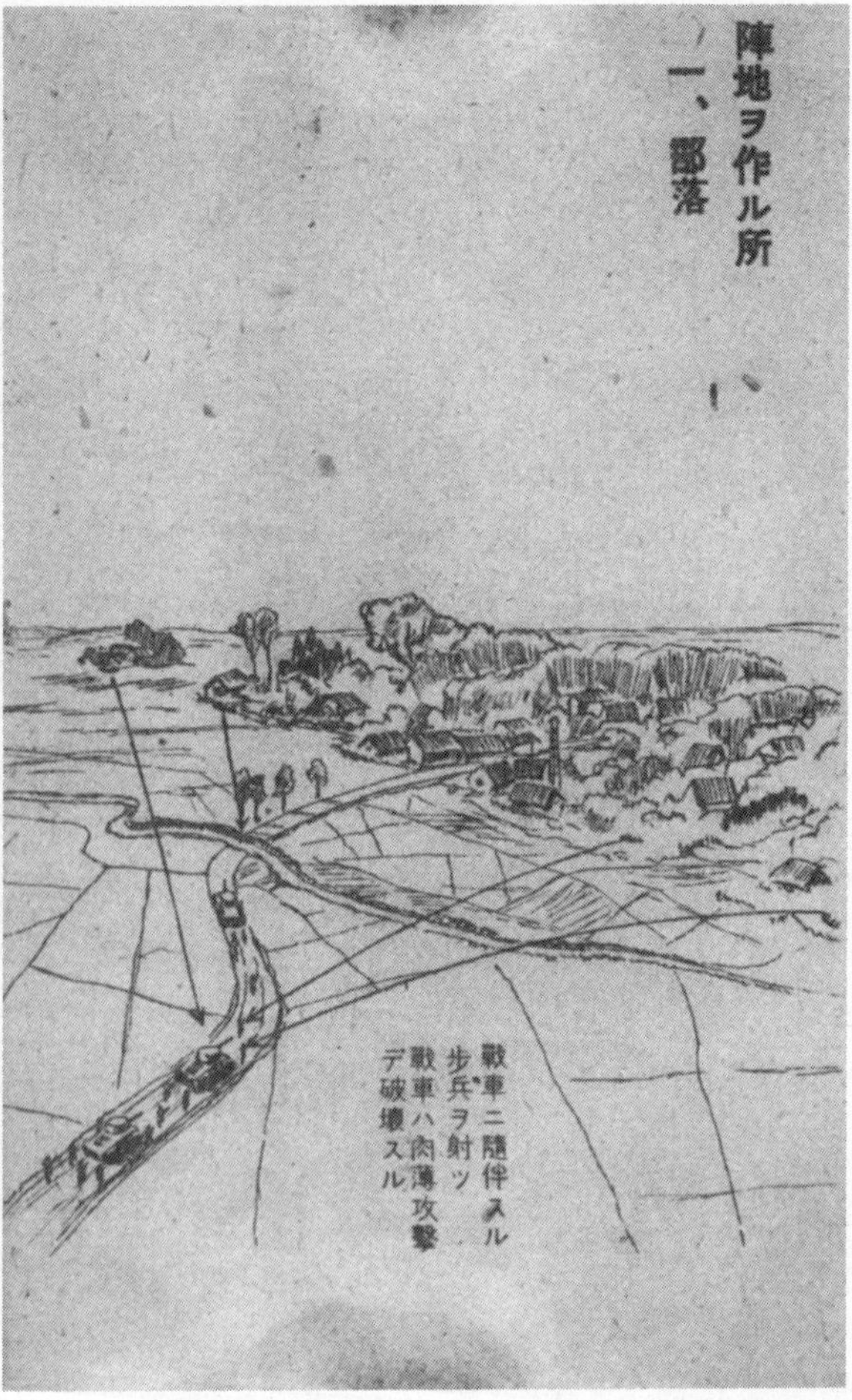
陣地ヲ作ル所
一、部落
戰車ニ随伴スル
歩兵ヲ射ツ
戰車ハ肉薄攻撃
デ破壊スル

陣地ヲ作ル所
二、狭イ道ヤ橋
射撃
戦車肉薄攻撃隊

陣地ヲ作ル所

三、盆地

敵ノ前進ヲ待チ構ヘテ四方カラ一齊ニ攻撃スル

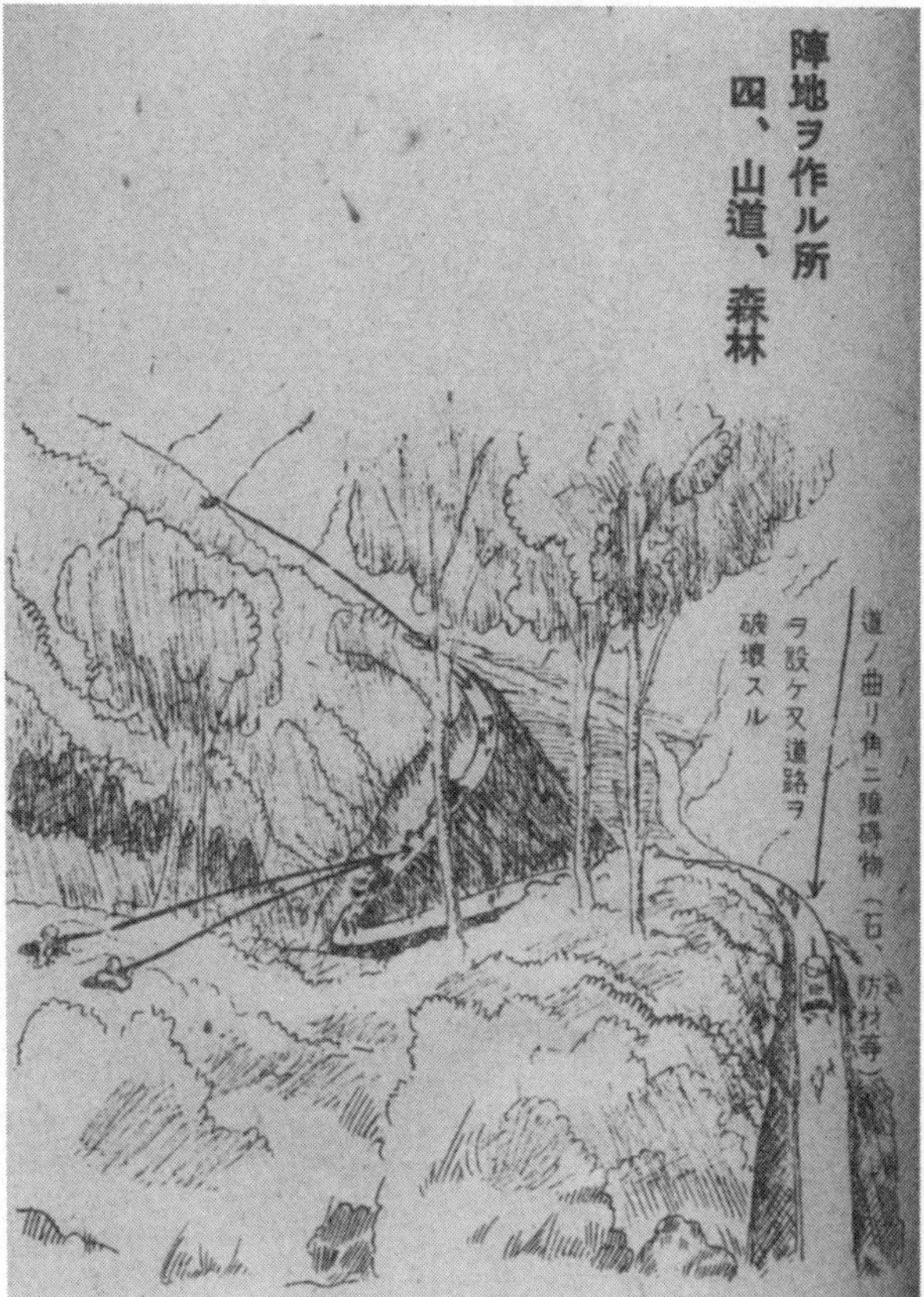
陣地ヲ作ル所
四、山道、森林
道ノ曲リ角ニ障碍物（石、防材等）
ヲ設ケ又道路ヲ
破壊スル

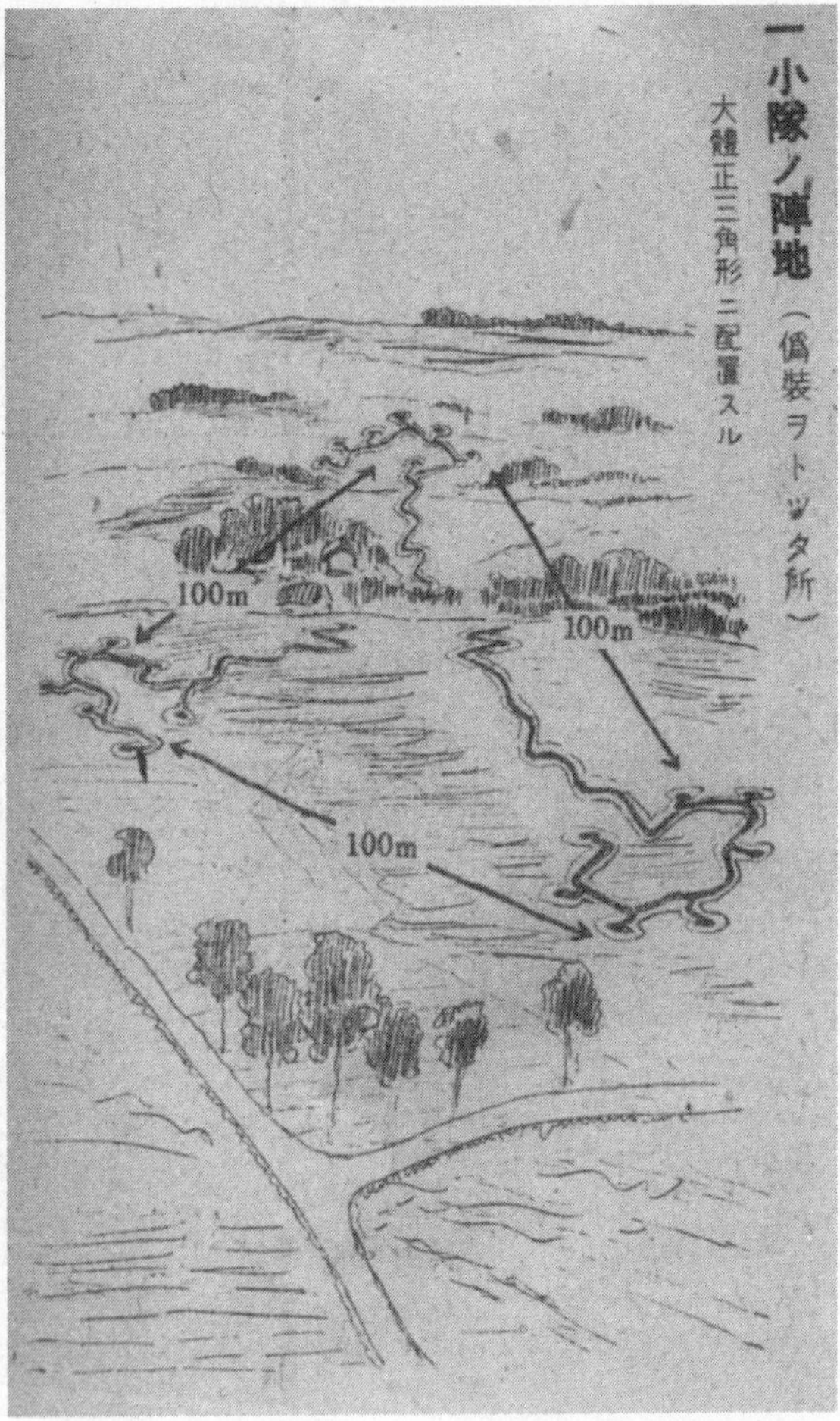

一 小隊ノ陣地（偽装ヲトッタ所）

大體正三角形ニ配置スル

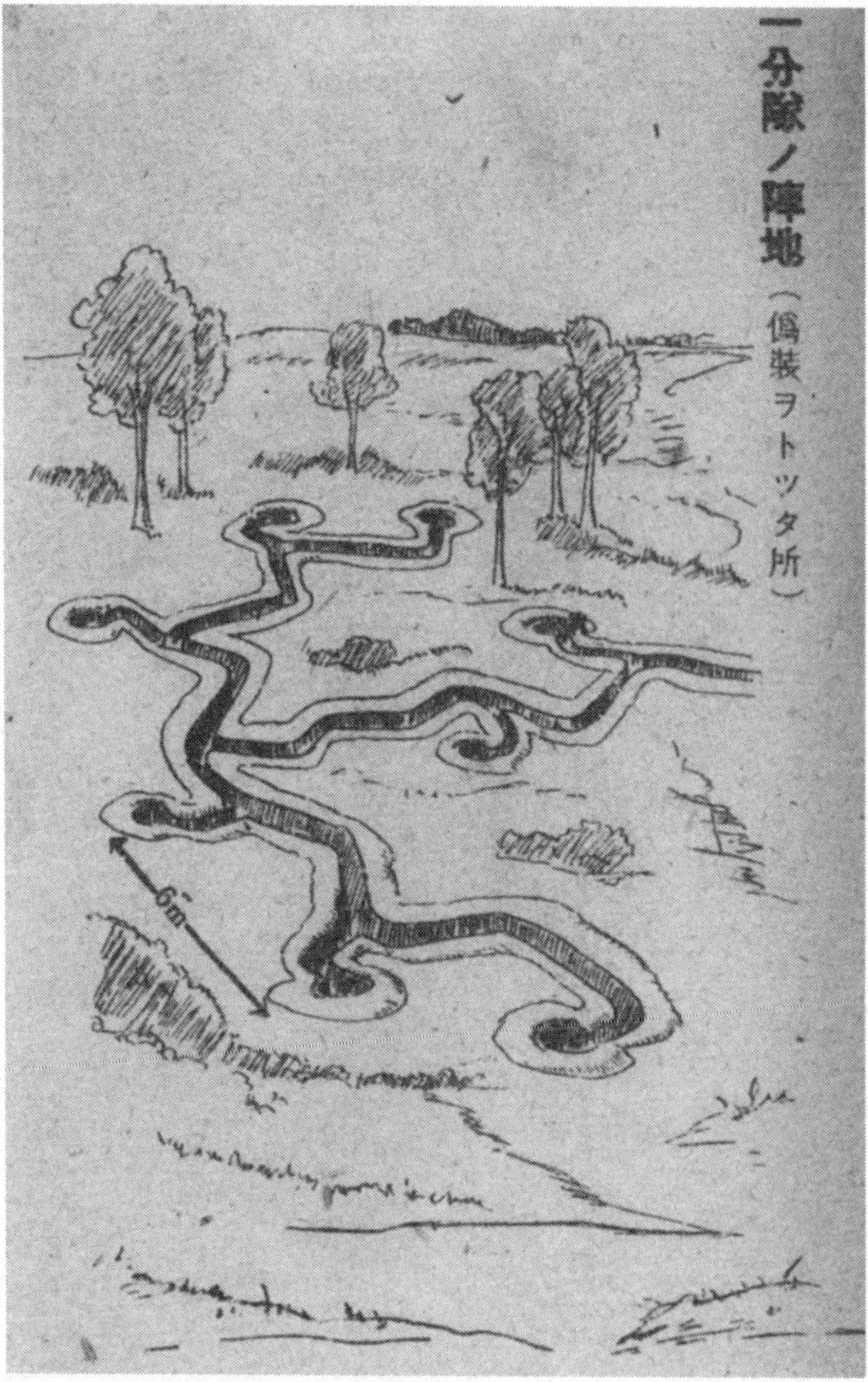
一分隊ノ陣地（偽装ヲトッタ所）
6m

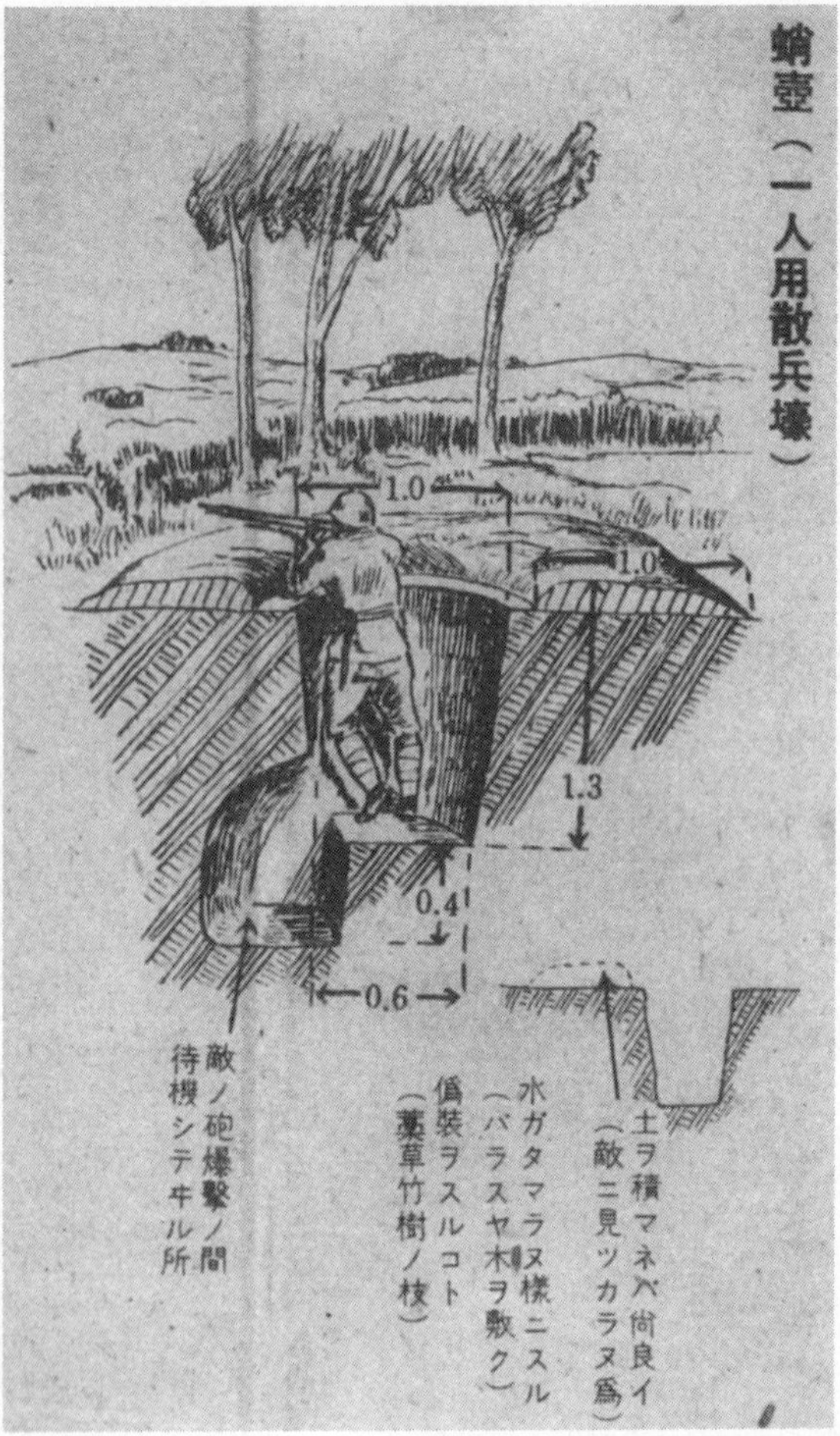
蛸壺（一人用散兵壕）
1.0
1.0
1.3
0.4
0.6
土ヲ積マネバ尚良イ（敵ニ見ツカラヌ為）
水ガタマラヌ様ニスル（バラスヤ木ヲ敷ク）
偽装ヲスルコト（藁草竹樹ノ枝）
敵ノ砲爆撃ノ間待機シテヰル所

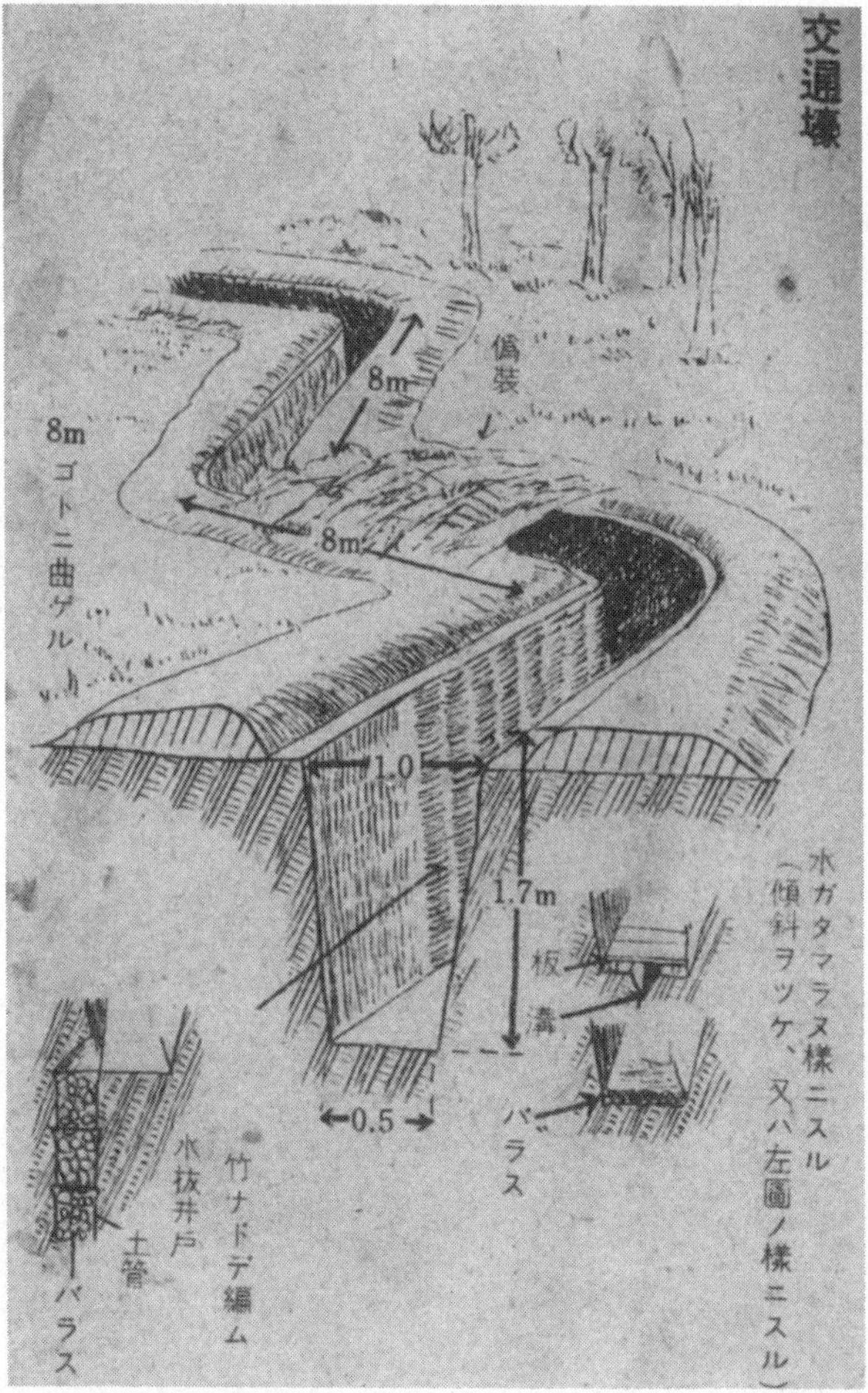
交通壕
偽装
8m
8m
8mゴトニ曲ゲル
1.0
1.7m
0.5
板
溝
バラス
水ガタマラヌ様ニスル
(傾斜ヲツケ、又ハ左圖ノ様ニスル)
竹ナドデ編ム
水抜井戸
土管
バラス

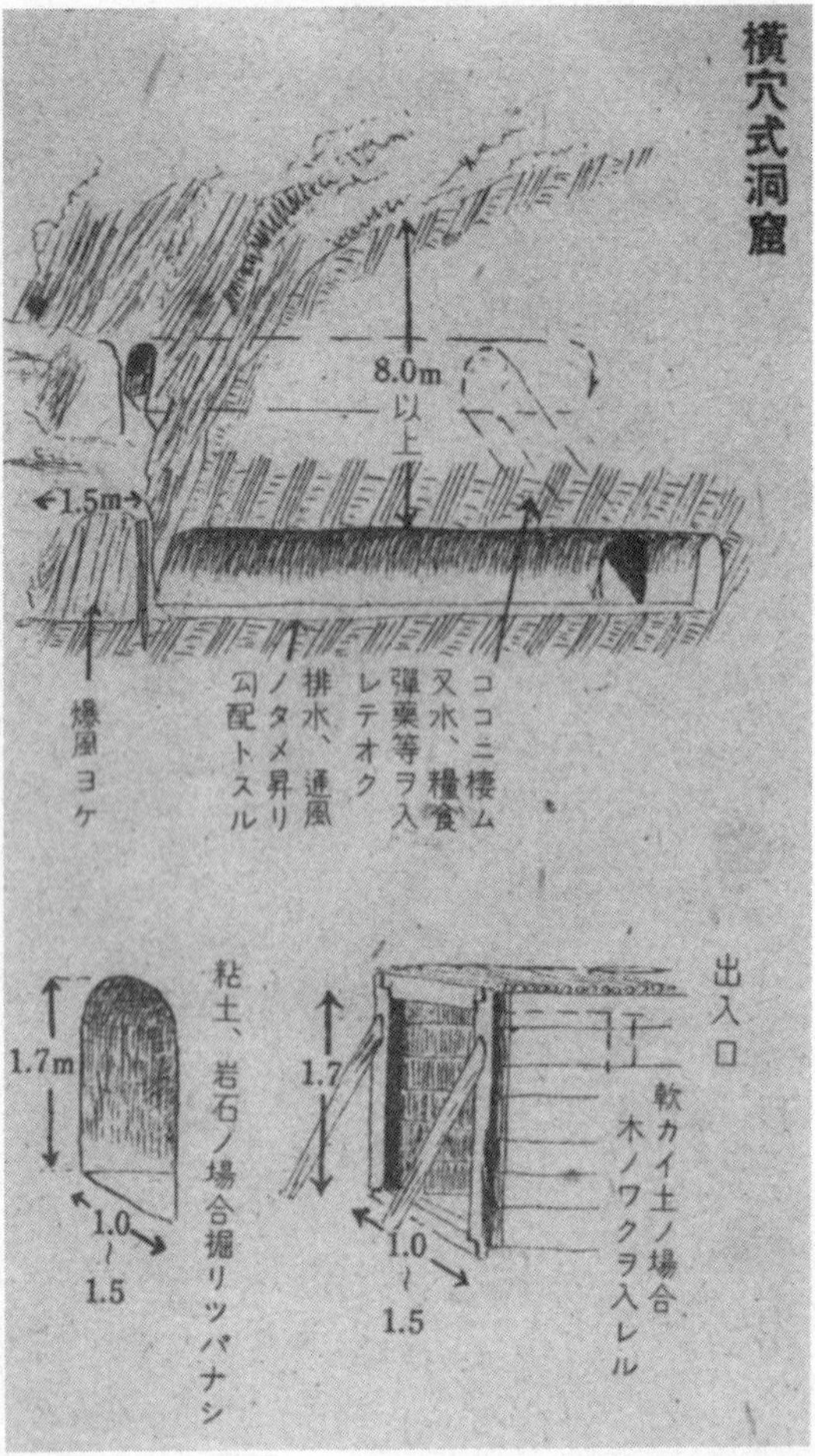
横穴式洞窟
8.0m
以上
1.5m
ココニ棲ム
又水、糧食
弾薬等ヲ入
レテオク
排水、通風
ノタメ昇リ
勾配トスル
爆風ヨケ
出入口
軟カイ土ノ場合
木ノワクヲ入レル
1.7
1.0
〜
1.5
粘土、岩石ノ場合掘リツパナシ
1.7m
1.0
〜
1.5

103　「国民築城必携」

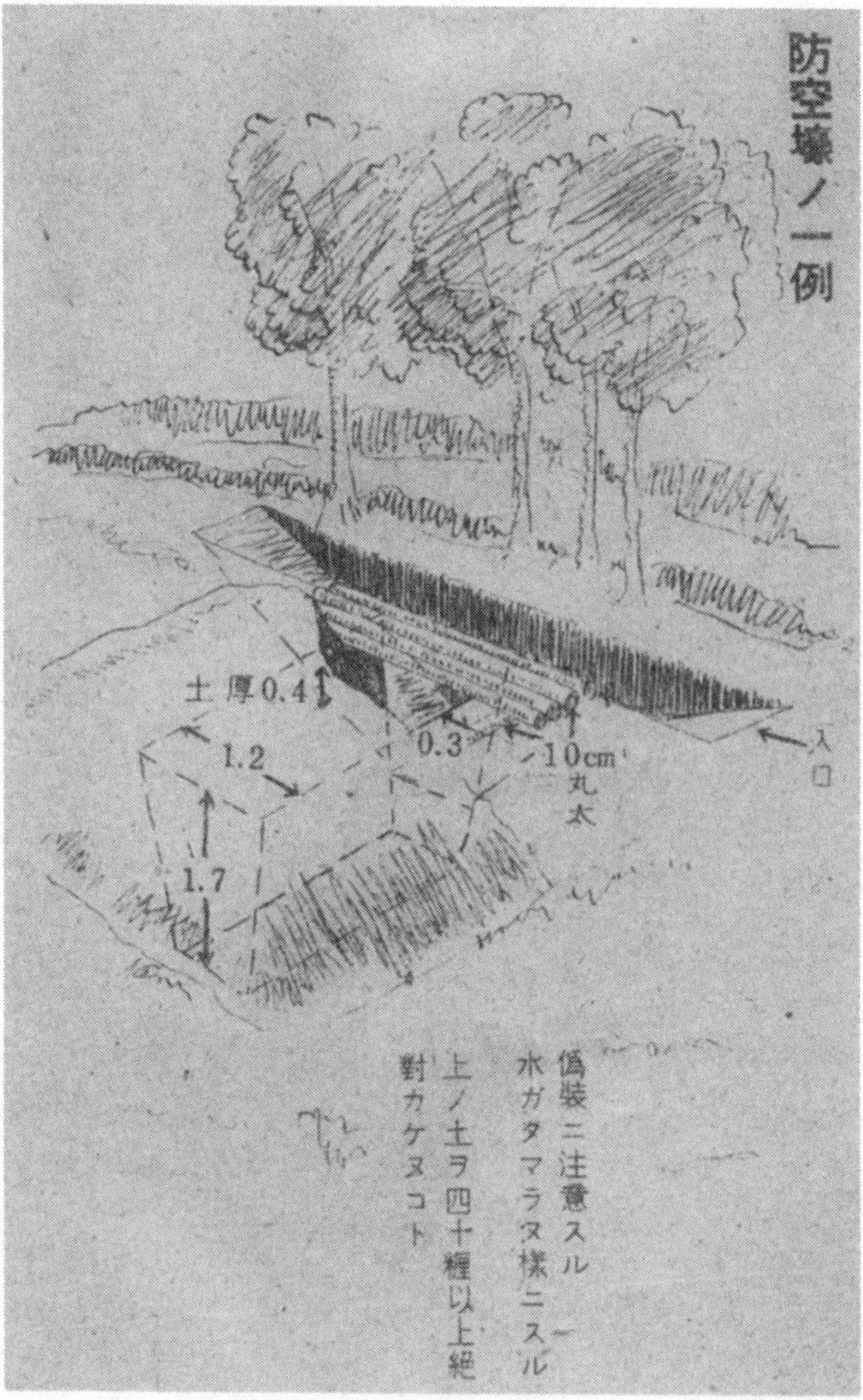
防空壕ノ一例
土厚0.4
1.2
1.7
0.3
10cm
丸太
入口
偽装ニ注意スル
水ガタマラヌ様ニスル
上ノ土ヲ四十糎以上絶
對カケヌコト

對戰車障碍物（其一）

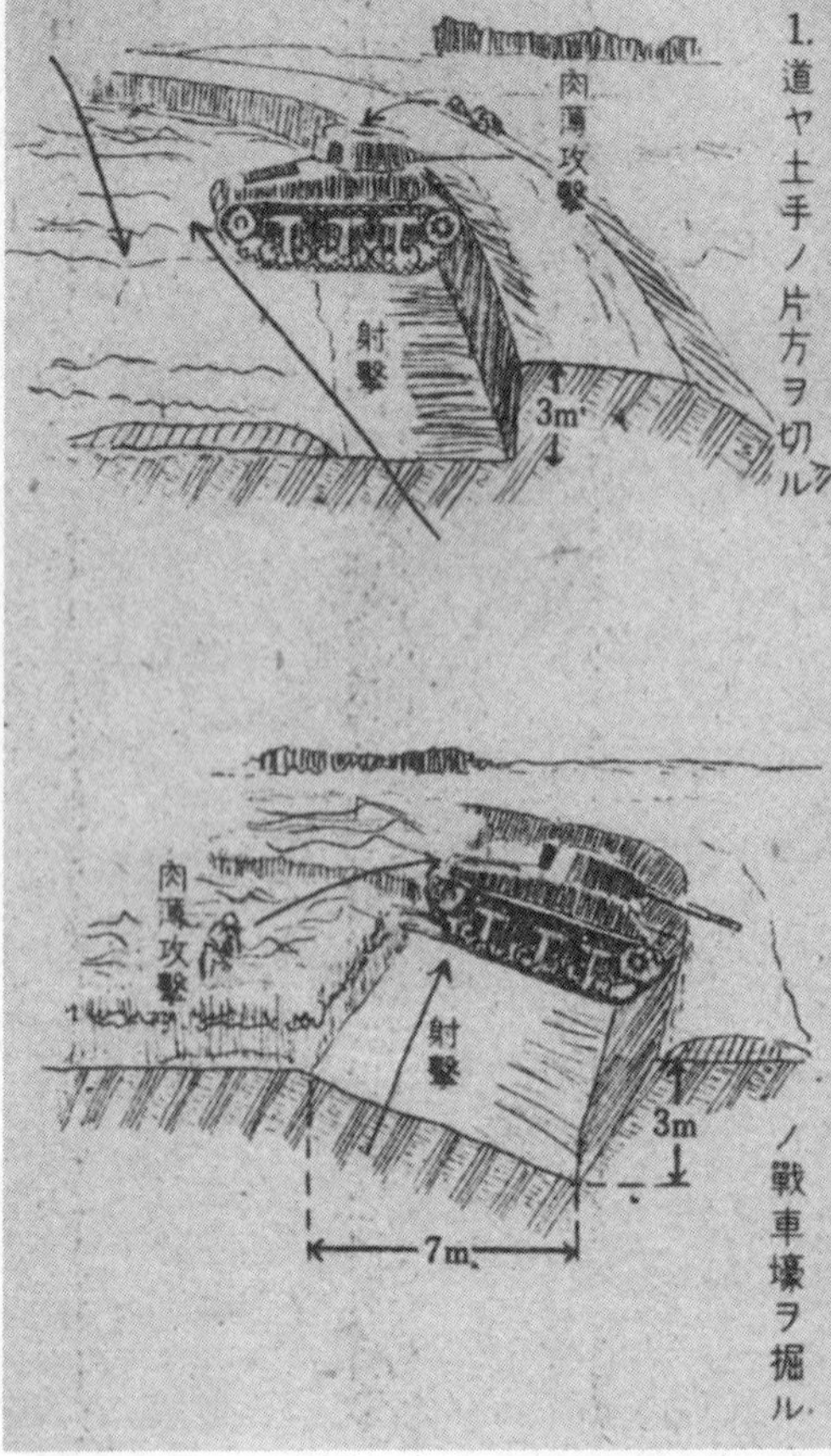

1. 道ヤ土手ノ片方ヲ切ル

2. 畠地、生垣、林ノ端ニ三角形ノ戰車壕ヲ掘ル

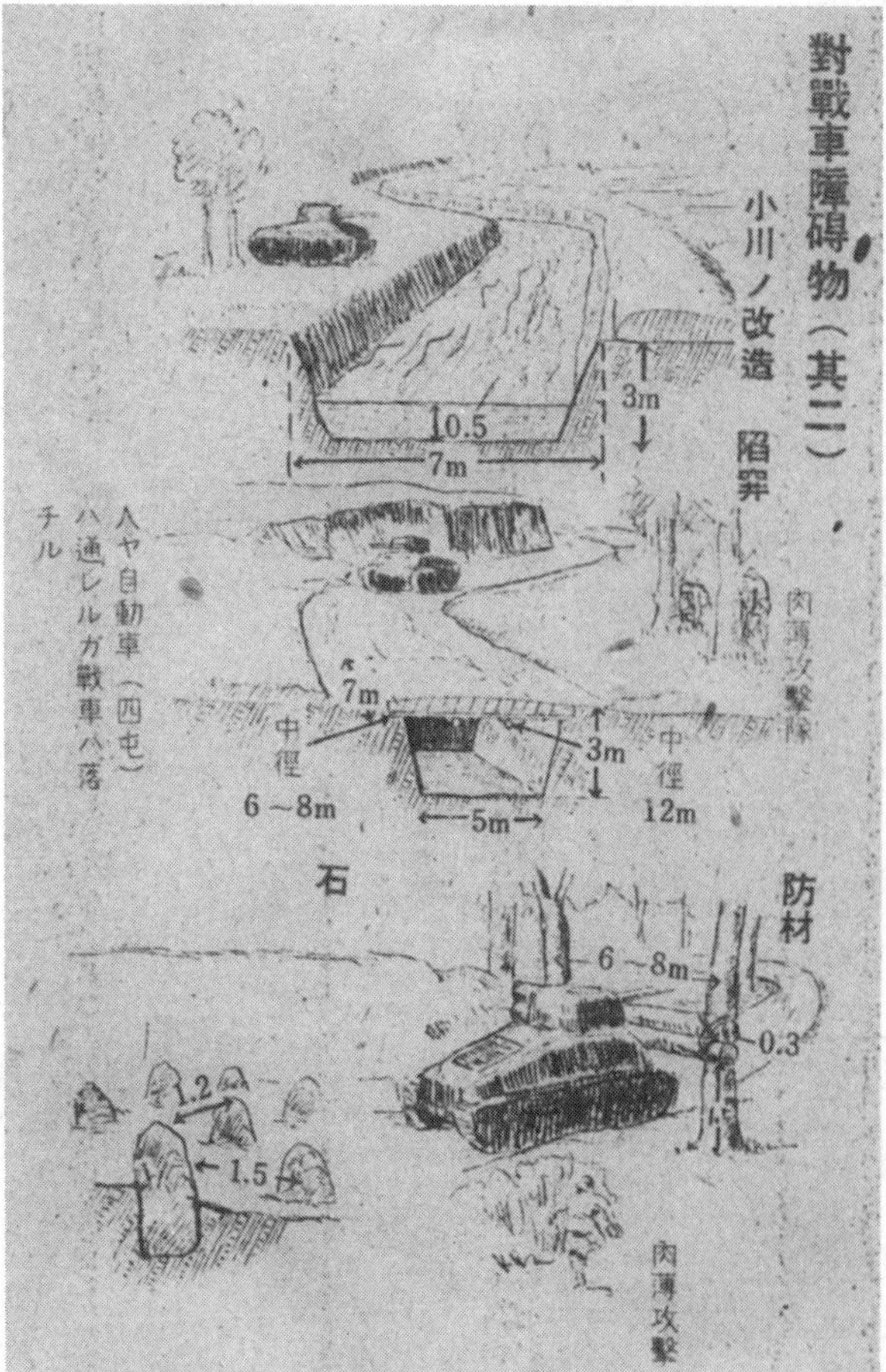
對戰車障碍物（其二）
小川ノ改造
陥穽
3m
0.5
7m
肉薄攻撃
人ヤ自動車（四屯）ハ通レルガ戰車ハ落チル
7m
中徑
6～8m
3m
5m
中徑
12m
石
防材
6～8m
0.3
1.2
1.5
肉薄攻撃

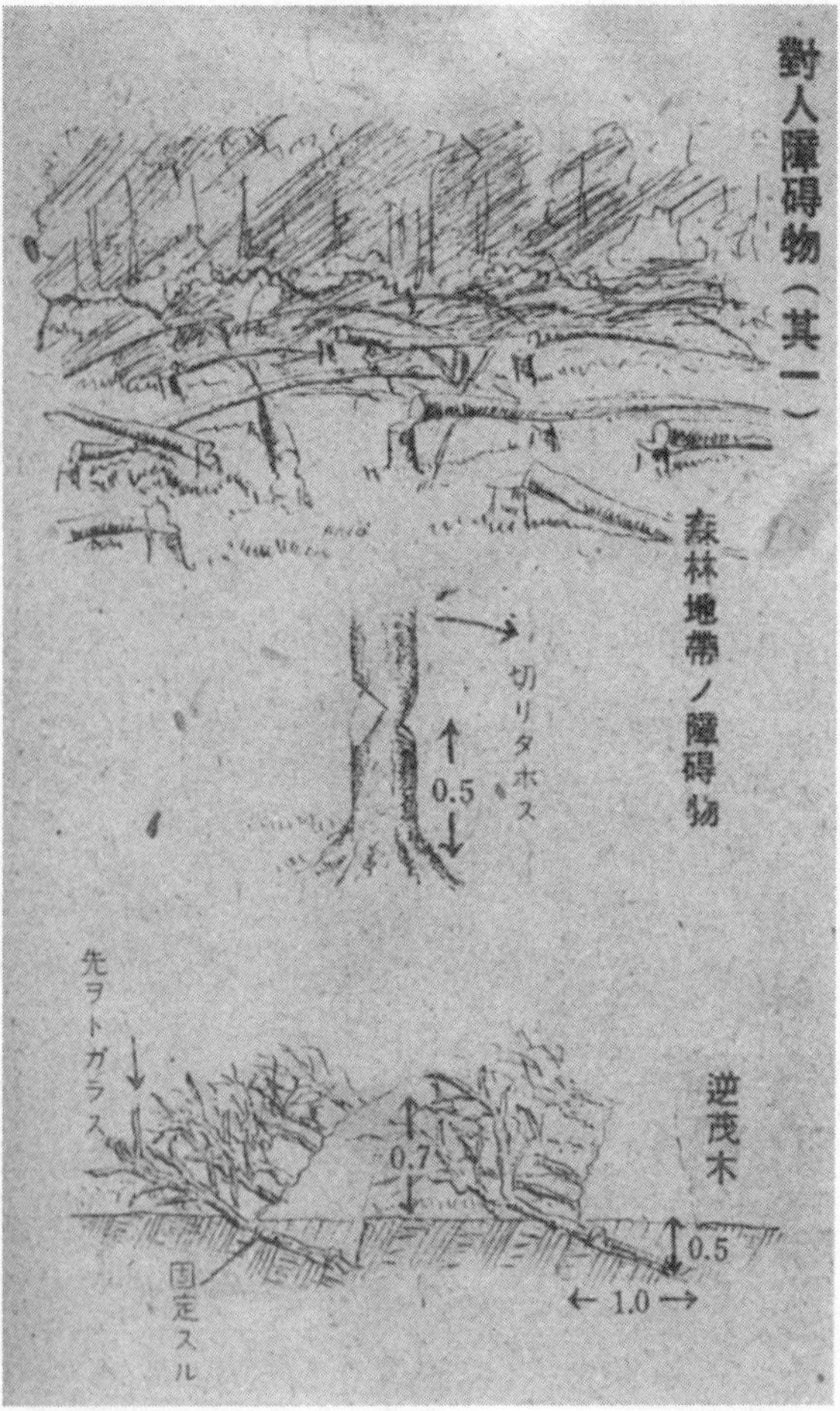
對人障碍物（其一）
森林地帯ノ障碍物
切リタホス
0.5
先ヲトガラス
0.7
逆茂木
0.5
固定スル
← 1.0 →

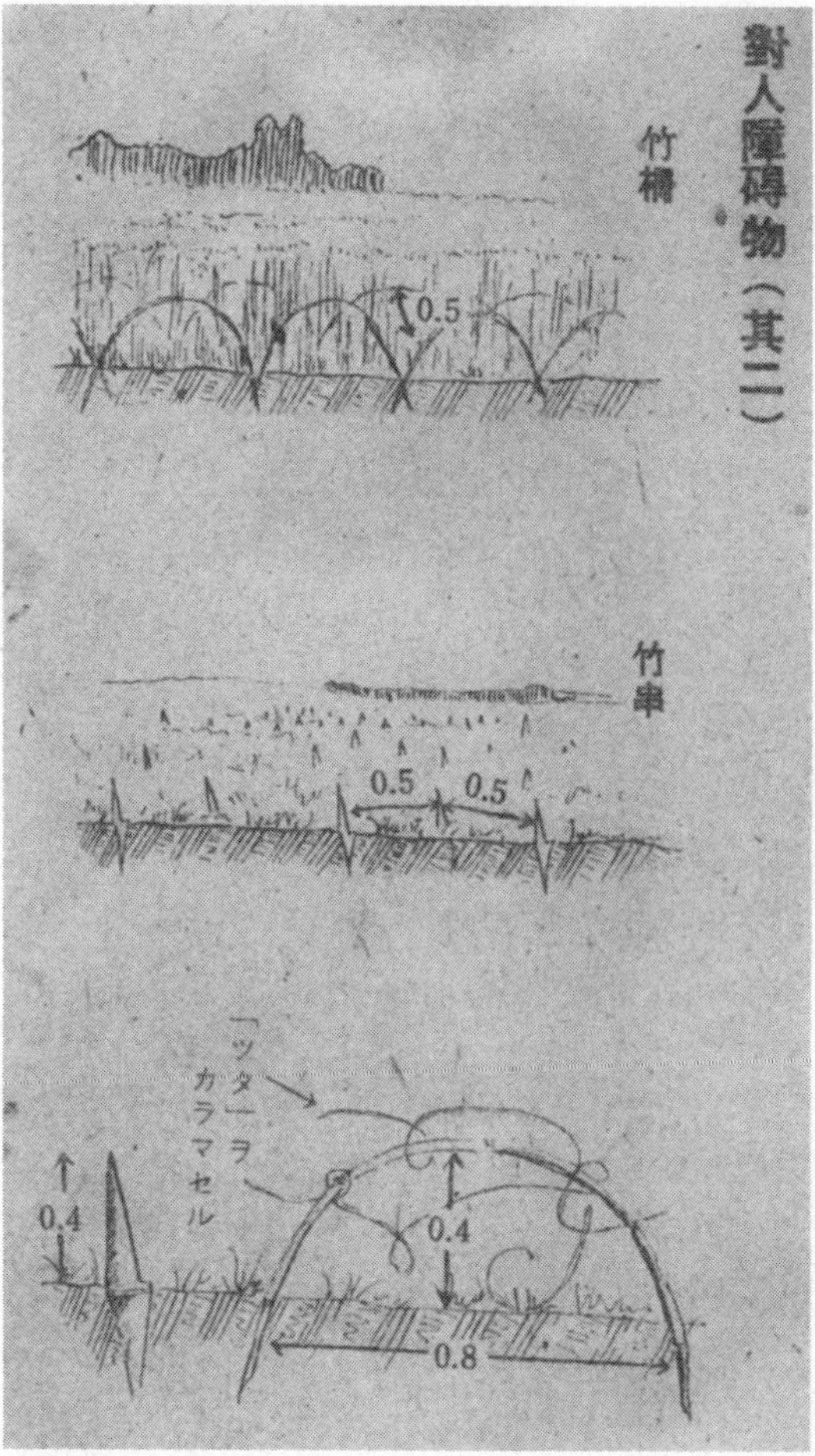
對人障碍物（其二）
竹柵
0.5
竹串
0.5
0.5
「ツタ」ヲカラマセル
0.4
0.4
0.8

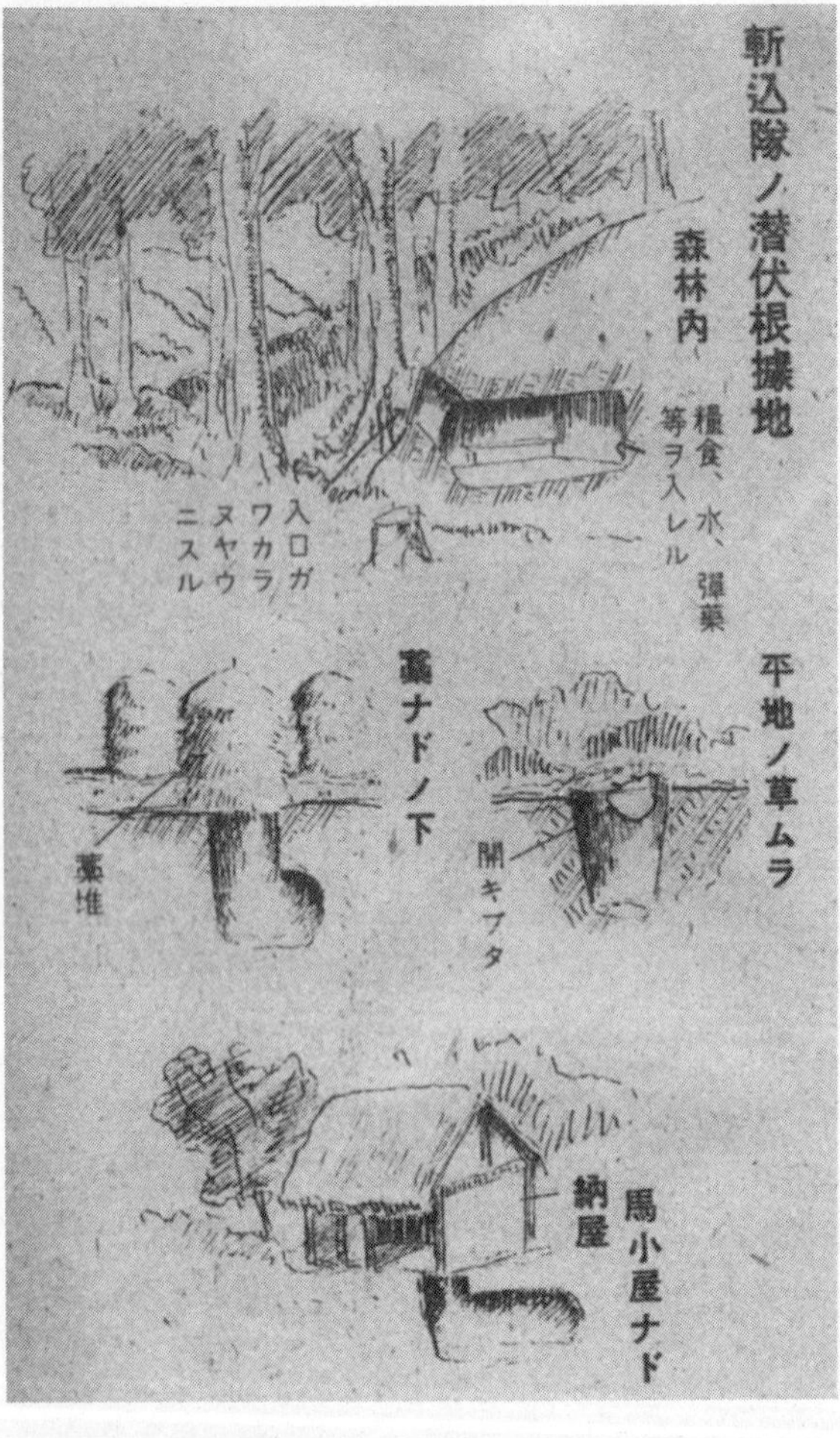
斬込隊ノ潜伏根據地
森林内
糧食、水、弾薬等ヲ入レル
入口ガワカラヌヤウニスル
平地ノ草ムラ
開キフタ
藁ナドノ下
藁堆
馬小屋ナド
納屋

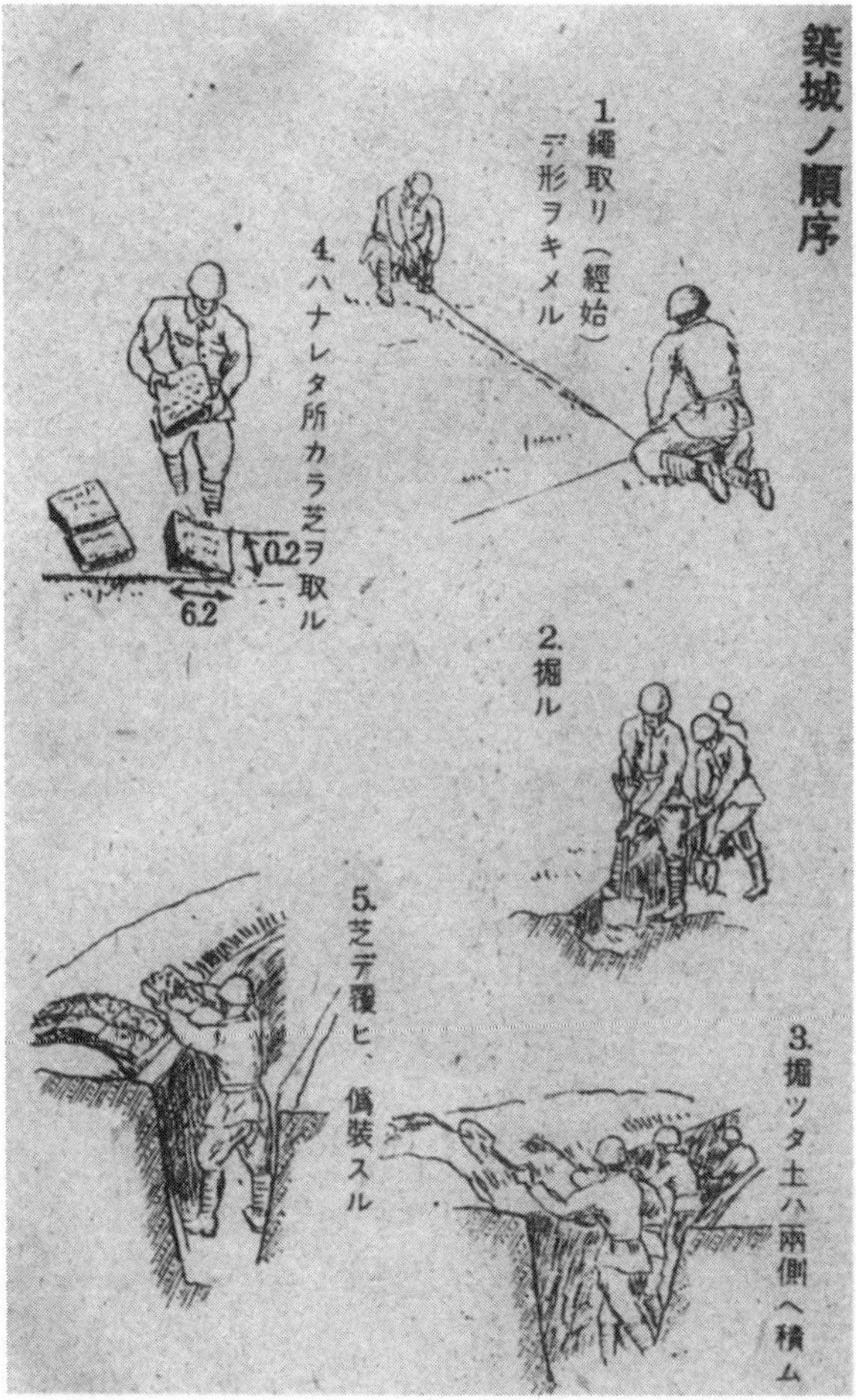
築城ノ順序
1.縄取り（經始）
デ形ヲキメル
2.掘ル
3.掘ツタ土ハ両側ヘ積ム
4.ハナレタ所カラ芝ヲ取ル
0.2
6.2
5.芝デ覆ヒ、偽装スル

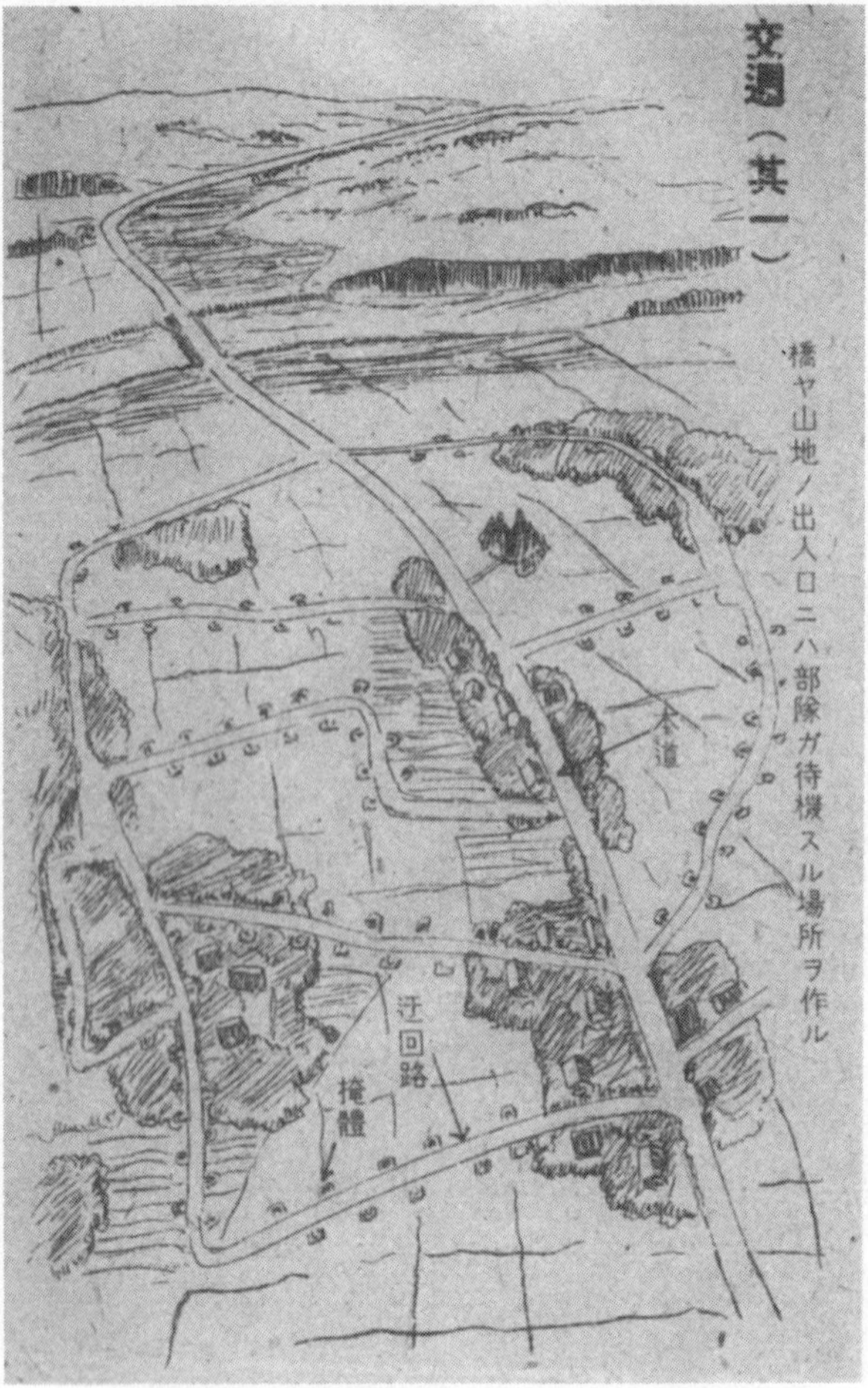

交通（其一）

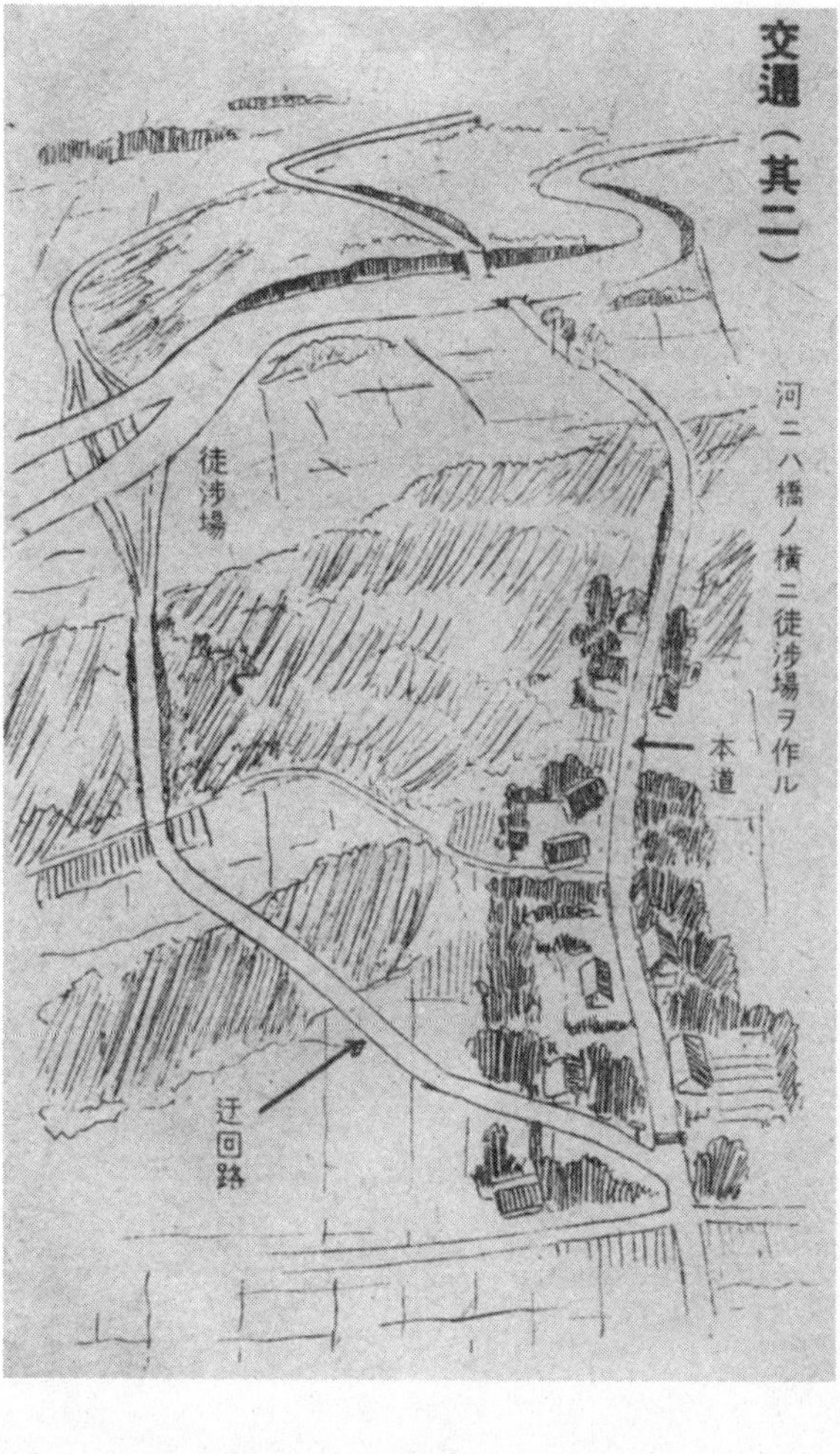
交通（其二）
河ニハ橋ノ横ニ徒渉場ヲ作ル
徒渉場
本道
迂回路

自動車砲車掩體
木ノ下ナド利用シ
僞裝ニ氣ヲツケル
0.5
1.0
3.0
2.0
5.0m
水ガタマラヌ
樣ニスル
防火用ノ
砂、水、
莚等ヲ準
備スル

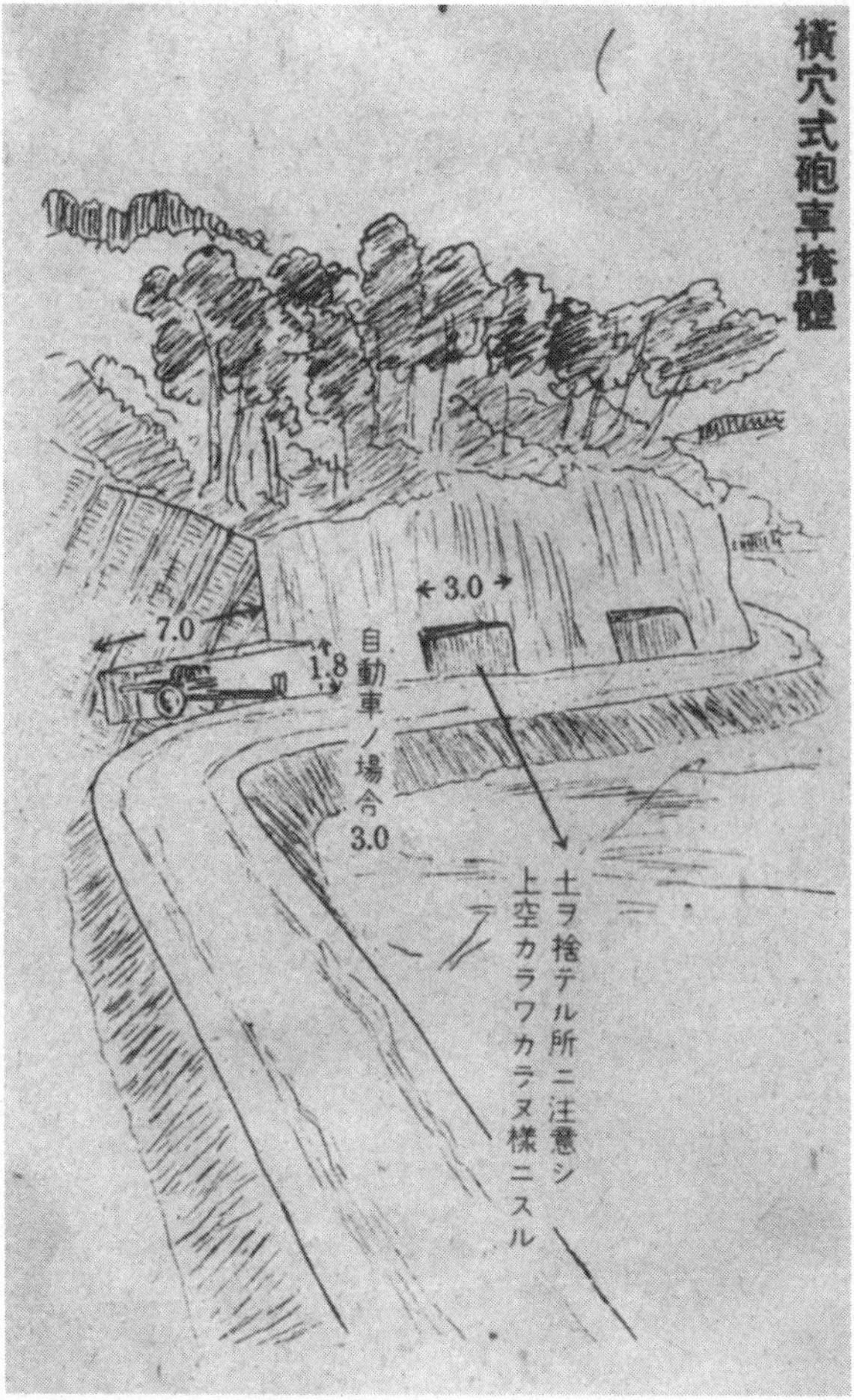
横穴式砲車掩體
3.0
7.0
1.8
自動車ノ場合3.0
土ヲ捨テル所ニ注意シ上空カラワカラヌ様ニスル

道路、橋ノ破壊（ヤル時ハ軍ノ命令ニ依ルコト）

「国土決戦教令」

佐山二郎編

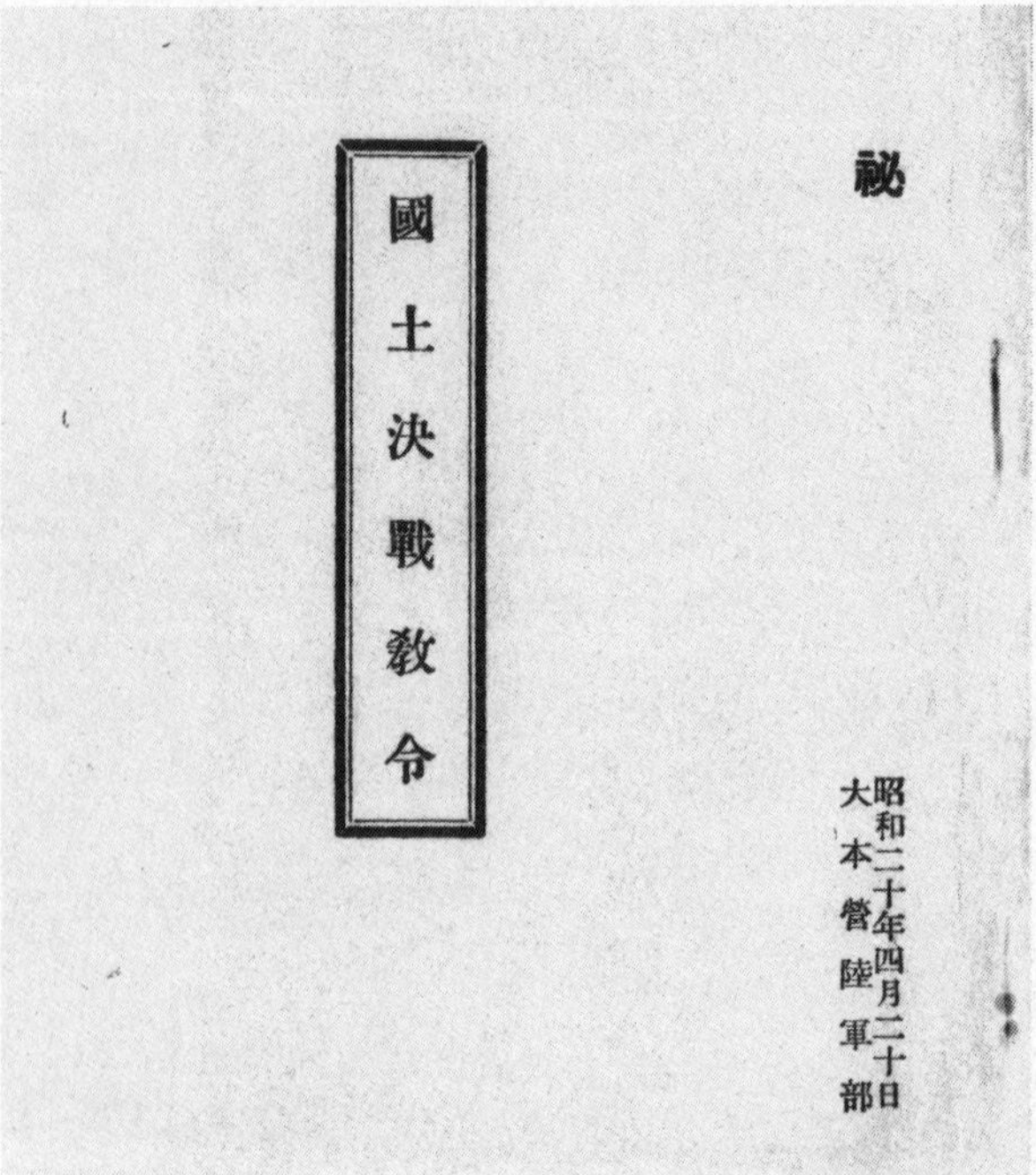
祕

昭和二十年四月二十日
大本營陸軍部

國土決戰教令

原本表紙

編者まえがき

「國土決戦教令」は平成二十二年四月十二日に入手した。このシリーズで先に取上げた「山嶽地帯行動ノ参考」などと一緒に、外国のオークションに出品されていた一括資料の中の一点である。六〇点以上からなるその内容は昭和十六年以降に陸軍航空総監部が印刷した各種航空兵器の取扱法、説明書、武装法などが主体であったが、中には航空に関係のないものも含まれていた。陸軍工兵学校の機関誌「工兵」とか、海上護衛総司令部が印刷した「見張員参考栞《しおり》」という珍資料もあった。前にも書いたがこの資料群の本来の持ち主はおそらく外地に所在した陸軍航空部隊で、終戦時になぜか焼却されなかったものが外国軍に押収され、それが個人の手に帰して今日まで保存されていたのではないだろうか。当然処分されるべき機密資料であるが、まったく手付かずのきれいな状態で出現した。焼却を免れたうえ、押収した軍ではなく個人が保管していたことが幸いであった。軍が押さえると保存はされるが市民が利用するのは難しくなる。編者は感動した。奇跡が起ったと思った。半世紀以上にわたる資料探索の中で、最も刺激的でかつ価値が高い収穫であった。

「國土決戦教令」は横九センチ、縦一三センチ弱、わずか三二ページの小冊子である。しかも比較的大きい活字を使っているので字数はかなり少ない。数えてみると一行あたり二五字、一ページに一一行しか印刷していないので、この本全体で八八〇〇文字足らずである。原稿用紙二二枚に過ぎない小文だが、書名は「國土決戦教令」と重大である。

この本が外国から到着したときにパラパラと見たとは思うが、なにも印象は残っていなかった。今回NF文庫の「教本シリーズ」に入ることが決まったので、あわてて目を通したというのが実状である。編者の感想としてはテーマの割には説明が短く、しかも難しい語彙を多用しているので、訴えてくるものが素直に感じ取れない。具体策は兵種ごとに別の指導書があるので、それをよく読んで行動しろということだと思うが、教令とは国家の緊急事態における戦略などを規定する重要な文書であり、大本営陸軍部の名前で発布するからには読んだ者が国の危機に覚醒するように、威厳を感じる教令であって欲しかった。
個別の項目に対する感想は多々あるがここでは控えることにする。本土決戦は実際には行われなかった。計画のみに終ったことに対し、ほっと胸をなでおろす者もいるだろうが、残念に思う者は少ないのではないか。架空戦記は楽しめばよいが、現実になっていたかもしれない本土決戦は想像したくない。読者の感想も大体同じではないかと思う。以下に全文を収載したのでまずは平静に一読するところから入っていただきたい。

本土決戦に備える各兵種の資料はアジア歴史資料センターを検索すればたくさん出てくる。本書ではほとんど紹介できなかったが、次の二篇のみ取上げた。

「砲兵用法の参考」 砲兵が敵の砲爆により破壊されると歩砲一体の戦力が分離し、挺進奇襲、肉攻、斬込しかなくなり、最後には敵に目的を達成される。しかし敵の不意に乗じ奇襲するときは少数火砲であっても効果はある。そして砲兵戦力を過早に失わないよう洞窟陣地を設けて火砲を温存することが必要である。後半の「各種火砲の特性」および「各種火砲の用法」は終戦直前の火砲事情を示す貴重なデータである。

「本土攻勢作戦における高射兵の用法及戦闘の参考」 高射兵部隊が夜間機動により陣地に到着すると、速やかに陣地を構築し払暁までに射撃準備を完了する。敵の機甲反撃は優勢な飛行協力の下に実施されるので、高射兵は特にわが対戦車火砲およびわが戦車を攻撃する敵機に火力を集中してこれを撃墜し、地上部隊の戦闘を有利にする。敵戦車が陣地に肉薄すると火砲の威力を至近距離において発揚し、これを撃滅する。

「国土決戦教令」目次

國土決戦教令

昭和二十年四月二十日　大本営陸軍部　秘

第一章　要旨（基本的な思想や内容）

第一　国土作戦の目的は来寇《らいこう》（外敵が攻めてくること）する敵に決戦を強要して絶対必勝し、皇国の悠久を確保することにある。

このため国土作戦軍は有形無形の最大戦力を傾倒し、猛烈果敢なる攻勢により敵上陸軍を殲滅すべし。

第二　国土における決勝作戦の成否は皇国の興廃に関係する。

仰いで国体の無窮を念《おも》い（念じ）、伏して建軍の本義に稽《かんが》へ（考察し）、挙軍一心匪躬《ひきゆう》の節（わが身をかえりみず王事に尽くす忠義）を致して一死君国に報い、絶倫の努力を傾倒して作戦目的の必成を期すべし。

第三　およそ戦捷《せんしょう》はこれを確信して最後の瞬時まで敢闘するものに帰す。宜しく全軍相信倚《しんい》（信じて頼ること）し、至難に処して愈々鉄石の団結を堅持し、上は大命を拝し、下は国民に魁《さきが》け、仇敵を大海に排擠《はいせい》（おしおとす）し、もって戦捷を獲得するため最後の一人まで敢闘すべし。

第四　神州は磐石《ばんじゃく》不滅なり。皇軍は自存自衛の正義に戦う。即ち将兵は皇軍の絶対必勝を確信し、渾身の努力を傾倒して無窮（永遠）の皇国を護持すべし。

必勝の信念は作戦準備の完整（完全に整える）なかんずく周到適切な訓練、築城、後方兵站の整備などにより培養される。各級指揮官は身をもってこの完整に努力すべし。

第五　戦場は悠久の皇土（天皇の統治する国土）なり。此処に父祖伝承して倶《とも》に生を享《う》け、民族永劫《えいごう》（永久）の生命とともに存すべき地なり。

万策を尽くして国民皆兵の実を発揮し、かつ一切を活用戦力化し、もって皇土総決戦に参与させなければならない。

第六　平常的生活環境とこれにともなう消極的諸条件および国土国民に対する感情の諸作用とは、ややもすれば決戦気魄を消磨（すり減らす）し、断乎たる統帥の実行を躊躇させる虞《おそれ》がある。ゆえに指揮官は自らに鞭打って勇断宜しきを制し（よいように勇断し）、よく軍隊をして百事戦闘を基準とする野戦軍の本領を発揮させることを要する。

第七　国土決戦における作戦、戦闘および訓練は典令を活用するほか、本教令に準拠し、かつ戦闘要領に関してはさらに「上陸防御教令（案）、橋頭陣地ノ攻撃」などを参考とするものとする。

第二章　将兵の覚悟及戦闘守則

第八　国土決戦に参じる全将兵の覚悟はおのおの身をもって大君の御楯となり、来寇する敵を殲滅し、万死固《もと》より帰するがごとく七生報国の念願を深くして、無窮なる皇国の礎石たり得るを悦ぶべし。

第九　高級指揮官（軍司令官と師団長）はそれぞれその地位と責務とに即応する統帥指揮に専念し、心魂を尽くして敵を撃砕すべき方策の確立と、この実行貫徹を期すを要する。

各級指揮官は自らの信念と熱意とをもって部下将兵全員に決死必勝の信念を透徹せしむるを要する。

第十　指揮官は火力、制空力など戦場の実相を正当に認識し、この対策を研究、創意し、熾烈な砲爆撃、戦車、火焔、ガス攻撃など激烈凄惨な情景に対処し、冷静沈着毅然としてこれを凌駕、圧倒できる手段を講じ、靭強な戦闘を遂行することを要する。

第十一　決戦間傷病者は後送せざる（しない）を本旨（本来の趣旨）とする。

負傷者に対する最大の戦友道は速やかに敵を撃滅することと銘肝《めいかん》（忘れない）し、敵撃滅の一途に邁進することを要する。戦友の看護、付添はこれを認めない。

戦闘間衛生部員は第一線に進出して治療に任ずべし。

第十二　戦闘中の部隊の後退はこれを許さず。

斥候、伝令、挺進攻撃部隊の目的達成後の原隊復帰のみ後方に向う行進を許す。

第十三　作戦軍は全部隊、全兵種ことごとく戦闘部隊なり。

後方、補給、衛生勤務などに任じる部隊も常に戦闘を準備し、命に応じ第一線に進出、突撃に参加すべきものとする。

徒手の将兵は第一線戦死者または敵の銃器を執り、戦闘を遂行すべし。

第十四　敵は住民、婦女、老幼を先頭に立てて前進し、わが戦意の消磨を図ることがあるだろう。このような場合わが同胞は己の生命を長らえることを願うより、皇国の戦捷を祈念していると信じ、敵兵撃滅に躊躇すべきでない。

第十五　敵は住民を殺戮し、住民地、山野に放火し、あるいは悪宣伝を行うなど、惨虐の行為を至るところで行うであろう。将兵は常に敵愾心《てきがいしん》を高揚し、烈々たる闘魂を発揮し、断じて撃たずば止むべからず（倒すまで止めてはならない）。

第三章　作戦準備

第一節　要則（軍事行動や訓練における基本的な指針）

第十六　国土決戦の勝敗は作戦準備の如何に関係する。

作戦準備期間である今日既に決戦は開始されている。一日一夜の遷延、一刻一瞬の偸安《とうあん》（目先の安楽を求める）は自ら戦捷の基礎を失いつつあるものと知らなければならない。

第十七　戦捷の要素中最も重要であるのは形而上（観念的）に存する。将兵に上下一貫鉄石の団結のもと、烈々たる敢闘気魄を確立させることを作戦準備の第一要義とする。

有形の作戦諸準備は総てこの形而上の基礎の上に樹立されるべきものであることを銘肝することを要する。

第十八　作戦準備を神速に完整するための要訣《ようけつ》（秘訣）は、各級指揮官なかんずく高級指揮官の適切な計画指導と率先垂範および軍隊の厳粛な実行貫徹とにある。ことにあたり困難、不可能を思うのは自ら敢闘邁進の気魄に欠けるものと反省しなければならない。

第十九　交通、通信、兵站に関する作戦準備については後章による。

第二十　敵の物的戦力を圧倒撃滅するため、作戦準備間最も努力を傾倒すべきは決戦即応の訓練である。

第二節　教育訓練

第二十一　教育訓練の対象は指揮官を重点とする。

各級指揮官は寸陰（わずかの時間）を惜しんで部下軍隊の訓練に邁進すべし。

上級指揮官は任務完遂を第一義とし、自らの脳漿を搾り研鑽創意するとともに隷下団隊長、幕僚の教育に最大の努力を傾注すべし。

第二十二　教育訓練は総て戦地教育の要領により特に現地、現場に即する実地教育に徹底すべし。

第二十三　高級指揮官はその作戦計画にもとづき速やかに隷下司令部、団隊長を訓練して作戦、戦闘の要領を徹底する。

この間軍隊は基礎の訓練より逐次綜合訓練に入り、兵団の実兵をもって訓練の完成を期す。

特に新たに編成される部隊にあってはその素質（性質や能力）を精査し、これに適応する訓練に遺憾のないようにする。

第二十四　教育の期は作戦上の要求、編成着手順序、初年兵入隊の時期、築城との関係などをかれこれ考慮してこれを定める。

教育の課程を定めるにあたっては速成教育の要領によりまず対米戦闘喫緊の課目に限定し、かつ分業、特業の内容はさらにこれを専業的に分課して速やかに古年次兵に伍して（肩を並べて）戦闘任務に服し得るようにする。

爾後時間の余裕を得るにしたがい戦場諸般の任務に就き得るよう教育するものとする。

第三節　築城

第二十五　築城実施に関しては大陸指第二九一四号国土築城実施要綱によるものとする。

第二十六　築城は機宜に適するわが戦力の発揚を本旨とする。ゆえにこの利用は戦闘法に即応させる。

またややもすれば既設築城に戦力を膠着させて攻撃精神を消磨し、戦機の捕捉に陥らないことに留意を要する。

第二十七　築城は高級指揮官の強固な意志にもとづく適切な戦闘指揮と、守備軍隊の敢闘とにより始めてその価値を発揮する。

第二十八　軍隊は作戦上の要求にもとづき自己の築設した築城を離れて他方面において戦闘し、あるいは他に再び築城を実施しなければならないことがある。このような場合においては指揮官以下心機一転新任務に向い邁進する覚悟を必要とする。

第四章　決勝会戦

第一節　要則

第二十九　決勝攻勢に任じる兵団は猛烈果敢なる攻勢を遂行し、一挙に敵上陸軍を撃滅すべし。特に高級指揮官は終始強烈不撓《ふとう》（屈しない）の意志を堅持することを要する。

沿岸防御に任じる兵団といえども、機を見て独力攻勢を断行することに躊躇してはならない。

第三十　対上陸作戦成立の要件は沿岸防御に任じる兵団の長期にわたる靭強な戦闘と、攻勢兵団の神速（迅速）なる機動および果敢猛烈なる攻撃とにある。

第三十一　高級指揮官は敵の上陸企図に関する判断にもとづき戦備の度を定め、作戦および戦闘準備に関する準拠を示すとともに、随時の奇襲に対応することを要する。

第三十二　戦備転移、機動および戦闘開始などは本作戦の特性に鑑み、特に雋敏《しゅんびん》神速でなければならない。このため簡単明瞭な伝達法（例えば略号発令の形式）を準備しておくことを要する。

第二節　沿岸防御戦闘

第三十三　沿岸防御に任じる兵団は優勢な敵上陸軍および空挺部隊の進寇に対し、長期よくその陣地にこれを拘束し、なし得る限り甚大な損害を与え、もって主力の攻勢を容易とし、あるいは支作戦（本作戦とは別の）方面の持久を担任する。戦闘の遂行にあたっては戦機を捕捉し、勉めて攻勢的に任務を達成することを要する。

第三十四　防御戦闘は各種の手段を尽くして積極主動的に実施し、敵の物的戦力を封じ、その弱点に乗じることを要する。このため火力および逆襲によるほか挺進奇襲、誘致、伏撃、逆上陸など溌溂《はつらつ》果敢な戦闘を遂行することを要する。

第三十五　集中する兵団の戦場到着にともない、沿岸防御に任じる兵団は攻勢のための支撐《しとう》（敵の攻撃を阻止し、自軍の防衛を固めるための拠点）を確保し、攻勢準備を掩護する。攻勢開始にあたっては攻勢兵団に連繋し、攻撃を敢行する。

第三十六　当初沿岸防御を命じられた兵団にあってもその一部または主力、状況によっては全力を他方面に転用して防御に任じ、あるいは攻勢に参与させられることがあると予期しなければならない。

広大な正面を担任する兵団にあってはその担任地域内においてもしばしば兵力機動を必要とすることがある。

兵団編成の特性により機動力（迅速に行動する能力）が十分でないものは自ら所在の資材などを利用してあらかじめ所要の機動力を準備することを要する。

第三節　機動

第三十七　敵の制空下軍隊および軍需品を神速に決勝点に集中することは戦捷の基礎である。そしてこの整斉神速な実行は事前における交通路と通信網の整備、確保、後方兵站の確立並びに適切な訓練など、周到な作戦準備により初めて期すことができる。

神速な戦力集中を図るため主決戦方向の決定機宜を制する（時機を決める）のは高級指揮官の重責とする。

第三十八　機動の実行にあたり敵の砲爆撃、交通遮断、疲労困苦などの障害を克服し、戦機に投じる行動を遂行するのは各級指揮官の積極敢為《かんい》（敢行）の意志に俟つ（期待する）ものが多いことを銘記（心に刻み忘れない）しなければならない。

第三十九　軍隊の機動は作戦時における交通網破壊の状況に鑑み、集中および戦場付近の機動ともに主として行軍によらなければならない。しかし鉄道、水路その他の輸送機関を利用して機動の神速を図ることが必要である。軍需品の移動は勉めて鉄道、水路を利用することを要する。

第四十　機動に関する訓練は高等司令部（旅団以上の司令部）以下がこれを行うものとする。即ち情報、通信、集合、機動発起、交通統制、行軍力の増大、対空部署、陽動、欺騙などに関し総合的に演練することを要する。

第四十一　行軍間の傷者、患者は万難を排して同行し、決戦に参加させなければならない。落伍は軍人の本領を弁《わきま》えない非行と知るべし。

第四十二　行軍部署は対空戦備を主としてこれを定める。

高級指揮官は防空部隊の配置、運用に万全を期すとともに、軍隊は自ら対空戦闘の処置を講じ、敵機の執拗な妨害を排除しつつ行軍を敢行すべきものとする。

第四十三　地障特に河川、湖沼、海峡の神速な渡過は周到な事前準備により期し得るものとする。高級指揮官は渡過のため徒渉場、夜間架橋昼間撤収、河底橋《かていきょう》（川底に杭を打込み、その上に橋板を架ける）などの施設を実施するとともに防空、欺騙などの処置に遺憾のないことを要する。

軍隊はたとえ配当渡過材料の不十分な場合においても、自ら応用材料を利用して地障の克服に勉めるべきものとする。

第四十四　軍管区（師管区）部隊は当該管区を通過する決戦部隊の宿営、給養を担任し、あるいは交通路、通信網の整備、確保に勉め、もってこれら部隊の機動を神速に行わせることを要する。

第四十五　高級指揮官は交通路の統制、整理に関し万般の施策を講じて、機動の整斉円滑を期すことを要する。

軍隊は交通軍紀を厳守し、交通整理部隊の指示に絶対に従わなければならない。

第四十六　機動の細部特に戦場機動に関しては「橋頭陣地ノ攻撃」による。

第四節　攻撃戦闘

第四十七　決勝攻勢の要は激烈凄惨な戦況、極度の消耗を覚悟し、将帥以下毅然として敢闘不屈の意志をもってあくまで攻撃を強行し、敵を圧倒撃滅することにある。

第四十八　決戦は通常海岸の狭隘な地域における橋頭陣地に対する攻撃であり、時間的、地域的に策略を施す余地は少なく、激烈凄惨な局地戦闘に終始するのを常態とする。したがって諸兵戦力の統合発揮に関しては高級指揮官以下最大の努力を払うことを要する。

第四十九　橋頭陣地に対する攻撃は単なる一点突破では目的を達成し難いので、攻撃に用いる予定の兵力を考え、数個の突破点を選定することを可とする。そして重点方面においては勉めて大きな縦長《じゅうちょう》（奥の深い）区分を保持して攻撃の必成を期すことを要する。

第五十　決勝攻勢にあたり攻勢兵団の展開が予期したように進捗すれば、必勝の基礎ができたということができる。

攻勢兵団の展開は状況特に攻撃発起の予定時機、沿岸防御兵団に期待する持久抗堪度、敵情特にその攻撃方向および速度などを判断し、攻撃準備の位置およびこれに就く行動を律するものとする。

第五十一　攻撃準備の位置に就いた兵団は周到な準備のもと、諸般の戦力を統合して攻撃を開始する。

状況により攻撃準備の位置はさらにこれを推進することがある。

敵の準備未完に乗じようとし、あるいは戦線浮動などの戦機を捕捉しようとする場合においては、攻撃準備の位置に就くことなく直ちに攻撃を開始することがある。

何れの場合においても橋頭陣地の特性なかんずくその膨張性を顧慮し、攻撃の初動を当時の状況に適応させることが緊要である。

第五十二　攻勢のための諸準備はできる限りあらかじめこれを整え築城、交通、通信、兵站、測地、住民に対する処置などは兵団の展開前に完了すべきものとする。

高級指揮官は攻勢に決すれば所要の指揮機関、部隊、軍需品などを攻撃準備の位置に推進し、前項の事前準備を補綴《ほてつ》するものとする。この際防空機関の配置を速やかに完了することが緊要である。

第五十三　敵陣前の火力障壁を突破し、その外殻を破砕するのは必ずしも難しくない。わが攻撃の進展を阻害するものは熾烈な砲爆のほか、陣内縦深にわたる敵の近戦火力と機甲反撃とにある。兵団は諸兵種特に歩戦砲工（歩兵・戦車・砲兵・工兵）の緊密な協同と縦長戦力とにより絶えず攻撃威力を培養発揮しつつ一意突進を継続し、敵の抵抗組織の全縦深を撃摧《げきさい》することを要する。

第五章　持久方面の作戦

第五十四　持久正面の作戦指導は状況により千変万化するが、要は決勝攻勢を成立させることを唯一終局の目的として、その行動を律しなければならない。

第五十五　敵の進攻を受けた持久正面の軍司令官は攻勢によりこれを撃滅すべきか、持久抵抗により時間の余裕を得ることを目的とすべきかを決めなければならないが、持久任務達成の最良の方策は攻勢にあることを念頭に置き、果敢溌溂の気勢を失わないことを要する。

第五十六　持久正面において攻勢的に作戦を指導する場合においては特に慎重周到な戦術的考察をもってし、敵の火力陥穽に陥り戦力を消耗して全般の目的達成に背《はい》馳《ち》する（反する）ようなことがないことを要する。

第五十七　主決戦方面に徹底した戦力を集中するため、持久正面の軍隊は極めて優勢な敵に対し長期にわたり作戦しなければならない。持久正面の戦闘に任じる軍隊は一兵に至るまで全局の勝利は一《いつ》に懸かって将兵の勇戦敢闘にあることを銘心し、あらゆる苦難を克服し、勇躍任務の完遂に邁進しなければならない。

第五十八　持久抵抗を企図する場合には大規模な障害地帯の設定および交通遮断を実施することを要する。この際この実行の時機を失しないこと、および火力をともなわない障害は大きな期待をもてないことに注意することを要する。

障害などに配置された軍隊は単に防守に専念することなく、巧みに攻防の手段を併用することが緊要である。

第五十九　持久正面においては敵に既設飛行場を使用させないため、わが軍の使用を期待しない飛行場は根柢《こんてい》よりこれを破壊し、かつ敵の修理設定を妨害する処置を講じることを要する。

第六章　情報勤務

第六十　対上陸作戦において主決戦方面の決定機宜を制するのは情報勤務の成果に俟つところが大きい。

第六十一　情報勤務を適切にするには、各兵団に一貫した情報体系を末梢に至るまで確立させることが緊要である。

このため各種情報機関および情報通信網は速やかにこれを完整し、戦況の推移を洞察し、随時これを補備増強することを要する。

既往における防空専用の情報通信の組織は速やかに地上決戦に即応するよう整備することを要する。

第六十二　情報勤務の成否は事前の教育訓練によるところが大きい。

各級指揮官は情報、通信関係者の訓練に努力し、その能力を向上することを要する。

第七章　交通、通信

第六十三　国土における対上陸作戦成立の重要な要件は交通、通信の完備にある。

敵の空襲は逐日激化し交通、通信作戦は既に進展しつつあることを知らなければならない。

第六十四　交通作戦必勝の要訣は事前に万全の態勢を確立するとともに、作戦の終始を通じ旺盛不屈の闘志をもって惨烈な戦況に処し交通、通信の確保を期することにある。

第六十五　交通、通信に関する作戦準備事項中主要なものは左のとおりである。

一、戦略的交通路（鉄道、道路）の整備、兵要地誌、気象の調査
二、渡河点（橋梁を含む）の復旧準備および隘路の副交通施設
三、交通要点および輪転材料（鉄道器材）の防空、対爆施設、秘匿、偽装
四、交通統制組織の確立と機能の充実
五、戦場地帯の交通路の整備
六、軍官民通信の有機的統合による戦略、戦術的通信組織の確立

第八章　兵站

第六十六　兵站は国土戦場の利点を最高度に活用し、特に作戦発起にともない移動を要する軍需品を最小限とすることに着意を要する。

第六十七　作戦資材の整備は万物戦力化を本旨とし、各兵団は自ら所要の作戦資材を現地自活し、物的戦力を強化しなければならない。

第六十八　作戦資材を敵の砲爆撃、雨露、湿潤などに対し防護し、もって無為に消耗しないことは各級指揮官の重要な責務で、この対策の実施は作戦行動であると心得ること。

第六十九　兵站部隊は状況に応じ直接戦闘に参与し、国土防衛の栄を担任するものと

する。

ゆえに兵站部隊に対する対米必勝の基礎戦技に関する訓練の課目、程度は第一線兵団と異なるところはない。

第七十　兵站作戦の準備の主要な事項は左のとおりである。

一、沿岸防御に任じる兵団の作戦（戦闘）計画に即応する集積および配置

二、方面軍（軍）兵站の基礎展開、集積、防空、対爆施設

三、輸送機関の配置準備

四、第一線への補給推進の要領およびこれにともなう諸施設

参考資料

砲兵用法の参考

昭和二十年四月　砲兵監部　軍事機密

一、砲兵用法の大綱

劣勢砲兵をもって絶対優勢な飛行機、砲兵、戦車を有する敵に対し決勝を獲るためには少なくとも局部的に所望の時機、所望の地点に敵に優る火力を集中し、敵を圧倒し歩兵にその目的を達成させることを要する。即ち砲兵が劣勢であるため単に狭義の出血を強要するような用法を採り、あるいは少数砲兵であるために至るところに分散使用するようなことは逐次優勢な敵の飛行機、砲兵、戦車のため破壊され、いわゆるジリ貧となり、遂に敵にその目的を達成させるのは戦訓の示すところで、国土決戦においてはこの轍を踏まないことが緊要である。局所において敵に優る火力を発揮するため、砲兵使用にあたり特に着意すべき事項は左のとおりである。

一、火力の奇襲的集結使用

二、各種火砲の特性を発揮させる統合使用

二、分散することなく、指揮官の決勝を企図する要点に火力を奇襲的に集中発揮することが緊要である。

三、戦力の貯存

貧弱な砲兵火力を最も有効に使用するためには攻撃防御を問わず火力を各正面に

火力の奇襲的集結使用

このようにして初めて局所において所望の時機敵に優越する火力を発揮することができる。即ちわが砲数が敵の五分の一ならばわが火力を集中すべき正面を敵の正面の五分の一以下に局限すれば、この正面においては所望の時機わが砲数は敵を圧倒するに足るであろう。もし決戦場を無準備のときは、火力の操縦が困難な錯雑地に選定すると、敵はその優勢な火力の発揚は不可能で、われは平時準備を利用して随時随所に火力を集中し得るので、実質的火力比率は逆転するに至る。また敵の不意に乗じ火力をもって奇襲するときは少数火砲であっても効果は甚大で、砲数の不足を補うに余りある。ゆえに火力を集結使用する場合においては砲数において敵に優ることができないときは火力の不意急襲に徹底して敵を圧倒することを要する。

火力を某正面に徹底して集結使用すれば必然的に砲兵火力のない正面を生じる。この正面においては挺進奇襲、肉攻、斬込に徹底することを要する。即ち貧弱な砲兵の使用は従来の「砲兵隊は一部をもって△△に直協、主力をもって○○に直協」のような使用法はできず、「砲兵隊は全力をもって○○に直協」のように使用するのを本則（原則）とする。そして形態においては常に全火力を突破のため第一線に集中発揮するのではなく、第一線の突破が容易でなく縦深に砲兵戦力を保持して敵陣内の防御編成、地形に適応し、長期にわたり戦力を発揮できるよう、あるいは陣内の堅固な要線に十分な威力を発揮できるよう、また少数砲兵をもって持久する場合においては必要な正面において火力が直ちに零とならないよう、かつ錯雑した地形を利用して一、二門の少数火砲で挺進奇襲的に遊動させ、執拗靭強な戦闘を遂行するよう部署することが必要である。

三、各種火砲の特性を発揮させる統合使用

各種火砲の特性なかんずく弾道性を考慮し平射、曲射の両火力を適切に配合し、最も効果的に使用することを要する。

築城を重視し歩兵をともなう戦車で攻撃してくる敵に対しては破壊射撃を実施しなければならない。しかも優勢な砲爆下においては長時間の射撃は許されない。即ち短切《たんせつ》（短時間で適切）に破壊の目的を達成するため、平射火砲を至近距離に進出させ、狙撃することを要する。また歩戦（歩兵と戦車）を分離し、あるいは凹地《くぼち》にある迫撃砲などを制圧し、あるいは第一線に進出しまたは陣内に推進する砲兵を支援するため曲射砲を後方に包囲的に配置し、集中火力を要点より要点に躍進的に短切に発揚することを要する。このようにして初めて歩砲（歩兵と砲兵）は一体となり、敵陣内深く楔入《けつにゅう》（打ち込む）することができる。

平曲射両砲種の統合使用と同様、第一線に進出する野山砲は歩兵の重火器と密に連絡し、歩砲との統合火力を発揮し、かつその射撃を歩兵の企図、行動に吻合（しっくり合う）させることを要する。このためこの種砲兵を第一線歩兵の指揮官に配属することを可とする場合があるが、重点正面においてはその他の砲兵火力との統合威力を発揮することを要するので、砲兵指揮官に統一指揮させ、周到な準備を行わせることを可とする。離隔した拠点または水際陣地などの砲兵を歩兵指揮官に配属する場合においても、戦闘の諸準備、訓練、教育などにつき本属の砲兵指揮官に指導、区処（区分して任務につかせる）させることが必要である。

四、戦力の貯存

戦訓によれば戦闘の骨幹たる砲兵がまず敵の砲爆により破壊され、そのために地上戦力の主体たる歩砲一体の戦力が分離して戦闘は骨抜きとなり、ひたすら挺進奇襲、肉攻、斬込によるしかなくなり相当の出血を強要されるが、最後には敵にその目的を達成されることが常であった。

絶対優勢な航空勢力の下彼我砲兵戦力の懸隔が大きい現状において、戦闘のため損害を受けるのは当然であるが、砲兵戦力を過早に失わないよう有する手段を尽くすことが必要である。しかし温存のための温存は不可であることは勿論である。

戦力貯存のためには秘匿、射撃時機の選定などにより敵の砲爆を避け陣地の分散、欺騙、陽動などにより敵の砲爆を分散させ、坑道陣地の構築により敵の砲爆に耐えることが必要である。

（一）火力発揚時機の選定、射撃時間の短縮

射撃時間の短縮は敵を奇襲し集中効果を発揮するために緊要であり、かつ敵に発見されないために必要である。

火力発揚の時機は状況が許せば敵飛行機の不在時機、薄暮、太陽の方向、気象がわれに有利なときなど、わが火力発揚に有利で敵の射撃が困難なときに選定することを可とする。大口径砲のように対空掩護が困難な火砲において特にそうである。

（二）秘匿

上空および地上捜索に対し絶対秘匿した陣地にある火砲は敵に対し偉大な威

力を発揮することはリンガエン（ルソン島）の戦訓が教えるところである。

火光、砲種を秘匿できる地域に陣地を占領させることを要する。

（三）分散

堅固な坑道陣地あるいは完全な秘匿施設下にない陣地は高度に分散することを要する。即ち一弾のため二門が同時に破壊されるのを防ぐため少なくとも五〇メートル離隔することを要し、また中隊の射撃指揮を考えるときは中隊の放列は五〇〇メートルを越えないことを可とする。

このような広正面放列にあっては通信連絡の手段、射向操縦の準備などを完備させ、かつ通信が杜絶しても戦闘を遂行できるよう任務を付与することが緊要である。

（四）欺騙、陽動

火力を重視する敵はわが砲兵の制圧、破壊に勉めるので偽放列陣地、偽観測所などを構築し擬砲火、偽射撃などにより敵を欺騙すれば容易にその砲爆を誘致しまたわが配備を秘匿することができる。このため上級指揮官（将官）の統制下に広範囲にわたって組織的に実施することを要する。

（五）坑道陣地

坑道陣地は砲爆対策上極めて有利であるが、坑道陣地もまた大きな弱点を有するのでこの対策を講じることが必要である。

即ち坑道陣地においては射界が自ら限定されるので、任務を基礎とし堅牢度を考慮して砲門部の位置、大きさを決定することを要する。また砲門部、入口部の自衛、坑道内の戦闘のための諸準備などを完備することを要する。

五、周到な戦闘準備

上記のような使用法を行うためには訓練の精到を要するのは勿論であるが、周到な戦闘準備を整えることが特に緊要である。そして皇土決戦においては攻防ともにこの準備が可能である。

射撃実施のための主要な準備は測地（地形地物の測定）と射撃諸元の準備である。これらの準備のため地形図、空中写真を利用し、かつ平時より所要の作業を実施できる利点がある。即ち予想する戦場を示し砲兵情報聯隊および各部隊の所要の指揮機関に即刻準備に着手させることを要する。

六、橋頭堡（前進拠点）攻撃における砲兵の軍隊区分および任務

（一）師団砲兵の軍隊区分

師団長は師団固有の野山砲および迫撃砲並びに臨時配属された砲兵、噴進砲な

どをもって師団砲兵となし、一指揮官に統一指揮させることを本則とする。しかし状況により所要の野山砲、迫撃砲などを歩兵に配属することがある。

師団の戦闘正面が著しく大きくなく、かつ靭強な敵の抵抗に対し縦深にわたり砲兵の火力を使用し、状況の変化に応じ特に敵陣内において平曲両砲種の特性を活用し、主として対戦車戦闘のため火力の重点を成形する必要があることが予期されるので、師団砲兵はこれを一指揮官に統一指揮させ、常時第一線に進出すべき有力な直協砲兵を保有させることにより、第一線の突破前進を容易にすることが緊要である。

(二) 師団砲兵および軍直砲兵の任務

師団砲兵は軍直轄(最高司令部が直接管轄する)砲兵の火力が指向される正面においては、戦闘にあたり主として歩兵直接協同に任じる。

軍直轄砲兵は戦闘にあたり主として主決戦方面第一線師団の戦闘に直接協力し、かつ好機に乗じ対砲兵戦、交通遮断、擾乱《じょうらん》(敵の作戦や行動を妨害し混乱させる)、突破側面の掩護、揚陸および飛行場使用妨害、近接支援艦艇の撃滅などに任じる。

攻勢兵団の戦闘に協力できる海岸警備兵団の砲兵は軍直轄砲兵指揮官に統一指

揮させ、または区処させることを通常とする。この砲兵は戦闘にあたり主として側背射撃により前記の任務に服す。

軍直轄砲兵と師団砲兵との相互の協同、要すれば配置の関係並びに隣接兵団および海岸警備兵団砲兵との協同は軍司令官がこれを律するのを通常とする。軍直轄砲兵の師団に対する直接協力は師団に協力すべき火力数をもって行い、この火力は師団砲兵指揮官に所要の区処を行わせるのを本則とする。

師団砲兵と軍直轄砲兵との任務の分界は、対砲兵戦その他の遠戦に関しては両砲兵の任務により自ら明らかであるのでこれを示す必要はない。直協戦闘に関しては両者はあたかも師団砲兵における直接群と全般任務群との関係にあるので、軍直轄砲兵には師団に直接協力すべき火力数を示せばよい。

軍直轄砲兵指揮官が師団に直接協力すべき軍直轄砲兵各部隊に任務を与えるときは、軍司令官の企図にもとづき主として協力すべき師団を示し、所要に応じ他師団正面に増加すべき火力を命じる。

軍直轄砲兵の師団に対する直接協力は師団の第一線の戦闘に密に協力すべきものであり、師団砲兵指揮官が師団に直接協力すべき軍直轄砲兵の火力を区処する場合においては、敵の砲爆撃により通信が杜絶する場合においても、師団長の戦闘指導の方針に応じる火力の運用に支障を生じさせないことを主眼とし、師団砲兵に独断協同させられるよう師団砲兵の火力指向との関係を律することが必要である。

噴進砲および自走砲の用法について、噴進砲は集団的威力をもって陣地要部、指揮中枢などの圧倒震駭（圧倒的な攻撃によって動揺を与え、戦意を喪失させる）に用い、自走砲は陣内における歩兵に随伴し、主として突破の尖端における反撃戦車の撃滅に用いる。

(三) 師団砲兵指揮官の部署

師団砲兵指揮官は師団砲兵を数個の直協群（部隊）に区分し、各々第一線歩兵部隊に直接協同させることを通常とする。状況により所要の砲兵を待機もしくは控置することがある。

直協砲兵は歩兵第一線に進出し、主として対戦車戦闘のため平曲両者（平射砲と曲射砲）の火力を統合発揮し、歩兵に随伴して密に歩兵の攻撃を支援することが必要である。

(四) 攻撃準備射撃

敵陣地の組織並びに強度により要すれば攻撃準備射撃を行う。この射撃は突撃支援射撃に先だち実施するもので、射撃の要領は状況により異なるが、勉めて企図を秘匿しつつ十分な準備を整え、短時間にその目的を達成することが緊要であり、主として後方に配置する砲兵により陣地要部特に掩蓋火点、側防機能の破壊、指揮組織の崩壊を行うものとする。この際突撃支援間砲門射撃を行う目標は通常これを除外し、第一線に配置した軽砲は突撃支援時まで秘匿することを有利とする。また一部の砲兵をもってわが射撃を妨害する敵砲兵を適時制圧し得るよう準備させておくことが緊要である。

第一線歩兵が天明までに敵前至近距離に突撃陣地を占領し得た場合においては、敵陣地の強度に応じ要すれば突撃支援射撃の初期に前項に準じて所要の破壊射撃を行う。

攻撃準備射撃または突撃支援射撃の初期に行う破壊射撃においては少数の十五榴などを第一線に近く配置し、狙撃させる着意が必要である。

(五) 突撃前進開始後の歩砲の協同

歩兵が突撃前進を起すと砲兵は敵の迫撃砲、砲兵などに火力を指向して第一線歩兵の発進を掩護し、爾後所要に応じ緩射を混ぜ、あるいは間歇的に歩兵の近迫を支援する。この間要すれば後方に配置した砲兵をもって敵陣地要部を破壊する。

突入の機が迫るとこの支援のため砲兵および重火器は挙げて突入点およびその後方、側方の要点の敵を射撃し、この間第一線歩兵は極力匍匐《ほふく》により敵陣地に近迫する。第一線に配置した砲兵および重火器は敵第一線の砲門（銃眼）に対し制圧を継続し、これに射撃を許さなくなればその火力を他に移すが、歩兵はさらに軽機関銃、擲弾筒などをもってその効果を補足しつつ敵陣至近の距離に肉迫突入する。

突撃支援のため十分な砲兵力を有するとき歩兵は砲兵の震駭的射撃の効果を利用し、敵に迅速に匍匐近迫し、砲兵の射程延伸とともに最後の砲弾に膚接（弾着直後に）して突入する。射程延伸は第一線歩兵の突入状況に即応し、これを目視しつつ逐次またはその突撃正面同時にこれを行う。そして射程延伸の時機は歩兵相互間にあらかじめ時刻をもって規定することができれば最も有利であるが、そうでないときは明確な記号などにより歩砲の協同を緊密にすることが特に緊要である。

わが歩兵の近迫を最も妨害する敵迫撃砲に対しては主として砲兵によりこれを制圧しなければならない。そして迫撃砲の陣地は通常発見困難であるので、存在が推定される地域に対し射撃を行うことが多い。この際観測所を捜索し射撃する着意が緊要である。

七、各種火砲の特性

（一）九五式野砲

運動性　六馬繋駕、繋駕車両重量約二トン、放列砲車重量約一・一トン

射撃性　弾量約六キログラム、最大射程約一万七〇〇〇メートル、最大発射速度

　毎分二〇発

弾種（比率）榴弾（四）、尖鋭弾（四）、徹甲弾（二）

（二）改造三八式野砲

運動性　六馬繋駕、繋駕車両重量約二トン、放列砲車重量約一・一トン

射撃性　弾量約六キログラム、最大射程約一万七〇〇〇メートル、最大発射速度

　毎分一五発

弾種（比率）榴弾（四）、尖鋭弾（四）、徹甲弾（二）

（三）九〇式野砲

運動性　自動車牽引または六馬繋駕、接続車両重量約二トン、放列砲車重量約

　一・五トン

射撃性　弾量約六キログラム、最大射程約一万四〇〇〇メートル、最大発射速

度毎分一五発
弾種（比率）　榴弾（四）、尖鋭弾（四）、徹甲弾（二）

（四）九一式十糎榴弾砲
運動性　六馬繋駕、繋駕車両の重量約二トン、放列砲車重量約一・五トン
射撃性　弾量約一六キログラム、最大射程約一万八〇〇〇メートル、最大発射速度毎分一〇発
弾種（比率）　榴弾（四）、尖鋭弾（四）、「タ」弾（二）

（五）九四式山砲
運動性　駄載（六頭）、繋駕（二頭）、一馬の最大負担量約一五〇キログラム、放列砲車重量約五〇〇キログラム
射撃性　弾量約六キログラム、最大射程約八三〇〇メートル、最大発射速度毎分一五発
弾種（比率）　榴弾（四）、尖鋭弾（三）、「タ」弾（三）

（六）九九式山砲（山地十榴）
運動性　駄載（一〇頭）、繋駕（二頭）、一馬の最大負担量約一七〇キログラム、放列砲車重量約八〇〇キログラム

射撃性　弾量約一二キログラム（十榴の一六キログラム弾も使用できる）、最大射程約七五〇〇メートル（一二キログラム弾）、約四五〇〇メートル（一六キログラム弾）、最大発射速度毎分八発

弾種　尖鋭弾（一二キログラム）

（七）二式十二糎迫撃砲

運動性　輜重車積載（三両）、駄載（四頭）、一馬の最大負担量約一五〇キログラム、放列砲車重量約二六〇キログラム

射撃性　弾量約一二キログラムおよび約二〇キログラム（重榴弾）、最大（小）射程一二キログラム弾約四三〇〇メートル（六〇メートル）、二〇キログラム弾約三〇〇〇メートル（一五〇メートル）、最大発射速度毎分一五発

（八）九七式十五糎迫撃砲（中迫）

運動性　輜重車積載（四両）、最大重量部品　床板約二〇〇〇キログラム、放列砲車重量約四〇〇〇キログラム（副床板共約八〇〇〇キログラム）

射撃性　弾量約二四キログラム、最大（最小）射程約三八〇〇メートル（一〇〇メートル）、最大発射速度毎分一五発

（九）九六式十五糎榴弾砲
運動性　六トン牽引車で牽引、接続砲車重量約五トン、放列砲車重量約四トン
射撃性　弾量約三六キログラム、最大射程約一万五〇〇〇メートル、最大発射速度毎分六発
弾種（比率）　榴弾（五）、尖鋭弾（五）
（一〇）四年式十五糎榴弾砲
運動性　二車に分解し各六馬繋駕、繋駕車両重量各約二トン強、放列砲車重量約二・八トン
射撃性　弾量約三六キログラム、最大射程約八八〇〇メートル、最大発射速度毎分六発
弾種（比率）　榴弾（五）、尖鋭弾（五）
（一一）九二式十糎加農
運動性　六トン牽引車で牽引、接続砲車重量約四・四トン、放列砲車重量約三・七トン
射撃性　弾量約一六キログラム、最大射程約一万八〇〇〇メートル、最大発射速度毎分四発

弾種（比率）　榴弾（五）、尖鋭弾（五）

（一二）十五（十二）糎自走砲

砲塔を除いた中戦車（軽戦車）車体に三八式十五榴（十二榴）を装載したもの

運動性　中戦車（軽戦車）にほとんど同じ

射撃性　弾量三六キログラム（十五榴）、二〇キログラム（十二榴）、最大射程・十五榴約五九〇〇メートル、十二榴約五六〇〇メートル、最大発射速度毎分六発

弾種（比率）　十五榴　榴弾（五）、尖鋭弾（五）、他に「タ」弾装備の予定
十二榴　榴弾、破甲榴弾、他に「タ」弾装備の予定

（一三）二十糎噴進砲

鋼製砲と三聯装木製砲があり、木製砲は初度支給以外は各部隊において製作する。ゆえに所望数の木製砲を製作して使用できる。

運動性　輜重車積載（二両）、駄載（三頭）、木製砲は輜重車積載（一両）のみ、弾薬は輜重車に三発、駄載のときは一頭に一発、放列砲車重量・鋼製砲約二三〇キログラム、三聯装木製砲約一〇〇キログラム

射撃性　弾量約八五キログラム、最大射程約二四〇〇メートル、最大発射速度

毎分三発

（一四）四十糎噴進砲

木製砲で初度支給以外は各部隊において製作する。ゆえに所望数を製作して使用できる。

運動性　自動貨車積載を本則とする。

弾量が大きいので弾丸運搬法を特に考慮することを要す。

射撃性　弾量約五〇〇キログラム、最大射程約四〇〇〇メートル、最大発射速度約三分に一発

（一五）八九式十五糎加農（装輪式）

運動性　二車分解運搬（八トン牽引車）、放列砲車重量約一〇・四トン

接続砲車の重量　砲身車七・四トン、砲架車七・六トン

行進速度（標準）　昼間八キロメートル、夜間三〜五キロメートル

陣地占領のための所要時間　一門・昼間二時間、夜間三時間、中隊・三時間

射撃性　弾量約四〇キログラム、最大射程・尖鋭弾約一万八五〇〇メートル、榴弾一万三三〇〇メートル

射界　方向・四〇度、高低・低射界、最大発射速度一分に二発

弾種　榴弾、尖鋭弾、破甲榴弾
（一六）九六式十五糎加農（装輪式）
運動性　三車分解運搬（一三トン牽引車）、放列砲車重量二四・六トン
接続砲車の重量　砲身車一一トン、砲架車一一トン、砲床車一一トン
行軍速度（標準）　昼間六キロメートル、夜間三キロメートル
陣地占領のための所要時間　一門・昼間三時間、夜間五時間、中隊・一夜
射撃性　弾量約四〇キログラム、最大射程・尖鋭弾二万六二〇〇メートル、榴弾一万八五〇〇メートル
射界　方向・一八〇度、高低・低射界、最大発射速度二分に一発
弾種　榴弾、尖鋭弾、破甲榴弾
（一七）四五式（七年式）十五糎加農（装匡式）
運動性　通常なし
射撃性　弾量約四〇キログラム、最大射程・尖鋭弾二万二六〇〇メートル、榴弾一万五四〇〇メートル
射界　方向・三六〇度、高低・低射界、最大発射速度四〇秒に一発
弾種　榴弾、尖鋭弾、破甲榴弾

（一八）四五式二十四糎榴弾砲（装匡式）

運動性　火砲・四車分解運搬（八トン牽引車）、砲床材料・運材車五両に分載

運搬車の重量　砲身車六・三トン、砲架車六・二トン、遥架車四・五トン、架匡車五・一トン

放列砲車重量　約三〇トン

行軍速度　昼間六キロメートル、夜間五キロメートル

陣地占領所要時間　一門・昼間八時間、夜間一〇時間、中隊・一夜〜二夜

射撃性　弾量二〇〇キログラム、最大射程・破甲榴弾一万三五〇メートル、榴弾一万七〇〇メートル

射界　方向・三六〇度、高低・高低両射界、最大発射速度一分に一発

弾種　榴弾、破甲榴弾

（一九）二十八糎榴弾砲（装匡式）

運動性　通常運動性はないが、運動性があるものの諸元は次のとおり

火砲　二車あるいは三車に分解運搬（一三トン牽引車）

砲床材料　特種重砲運材車二車に分載

行軍速度　昼間五キロメートル、夜間三キロメートル

陣地占領のための所要時間　一門・昼間九時間、夜間一三時間、中隊・二夜
射撃性　弾量三二〇キログラム、最大射程七八五〇メートル、最小射程（高射界）二〇〇〇メートル
射界　方向・三六〇度、高低・高低両射界、最大発射速度二分に一発
弾種　堅鉄弾、堅鉄破甲榴弾、破甲榴弾、水中弾、試製榴弾

（二〇）七年式三十糎榴弾砲（短）（装匡式）
運動性　火砲　特種重砲運材車四両にて運搬（一三トン牽引車）
　砲床材料属品　特種重砲運材車三両に分載運搬
分解車両の最大重量　砲身車二四トン
行軍速度　昼間五キロメートル、夜間三キロメートル
陣地占領所要時間　一門・昼間一八時間、夜間二四時間、中隊・三夜〜四夜
射撃性　弾量四〇〇キログラム、最大射程一万二〇〇〇メートル
射界　方向三六〇度、最大発射速度一分三〇秒に一発
弾種　破甲榴弾

（二一）七年式三十糎榴弾砲（長）（装匡式）
運動性　火砲　特種重砲運材車五両にて運搬（一三トン牽引車）

砲床材料属品　特種重砲運材車四両に分載運搬
分解車両の最大重量　砲身車二九トン
行軍速度　昼間五キロメートル、夜間三キロメートル
陣地占領のための所要時間　一門・四五時間、中隊・四夜〜五夜
射撃性　弾量四〇〇キログラム、最大射程一万五二〇〇メートル、最小射程（高射界）一八五〇メートル
射界　方向三六〇度、最大発射速度一分三〇秒に一発
弾種　破甲榴弾

（一二）四式三十糎迫撃砲
運動性　自走式、重量一五トン
行軍速度二〇キロメートル
陣地占領時間　一門・一〇分
射撃性　弾量二七〇キログラム、最大射程三〇〇〇メートル、最小射程一〇〇〇メートル
射界　方向七度、高低五〇度一定、最大発射速度二分に一発
弾種　榴弾

八、各種火砲の用法

（二）山砲

①沿岸防御兵団

所要の一部兵力を水際陣地に配置するものをもって上陸用舟艇の撃沈、汀線《みぎわせん》の戦闘にあたらせ、主抵抗拠点内に配置するものをもって拠点の戦闘に協同させ、かつ所要に応じ汀線の戦闘に協力し、また好機に乗じ敵の前進を阻止する。拠点の戦闘に協同するためには対戦車戦闘を重視する。このため榴弾をもって歩戦分離を行い、「タ」弾をもって至近距離において狙撃する。この際隣接拠点は互いに側防することが特に緊要である。また少数火砲を遊撃地区に配置し、地形を利用して神出鬼没敵を奇襲させることを可とすることがある。彎曲弾道を使うときは装薬を三分の一減らして使うことができる。

②攻勢兵団

突撃支援のため所要の兵力を歩兵最前線に配置して敵火点の狙撃にあたらせ、爾余の兵力をもって防御火網の破壊擾乱に任じる。突撃が奏効（効果をあげる）すれば直ちに陣内に突進し、対戦車組織の骨幹となり、かつ爾後の陣内攻撃において近距離狙撃により密に第一線歩兵に協同する。

(二) 改造三八式野砲(九五式野砲)

①沿岸防御兵団

山砲と同様に使用する。ただし「タ」弾に代え徹甲弾を使用する。彎曲弾道を使うとき、あるいは山砲用「タ」弾を使用するときは装薬を二分の一減らすことを可とする。そうすれば概ね山砲と同じ初速および弾道を得ることができる。

②攻勢兵団

山砲と同様に使用する。ただし分解して臂力搬送することはできないので、陣内推進は困難である。このためできれば牽引車などを配属し、牽引して陣内に前進させることを可とする。この際火砲の愛護上最大速力は毎時一〇キロ以下とすることを要する。

(三) 九〇式野砲

①沿岸防御兵団

重要な拠点に配置し、主として対戦車戦闘にあたらせるほか、野砲と同様の任務に服し、かつ好機に乗じ敵砲兵の制圧に任じる。

②攻勢兵団

突撃支援時要すればやや遠距離の敵砲兵、迫撃砲などの制圧にあたらせ、突撃奏効後迅速に陣内に推進して対戦車戦闘の主要砲兵として使用する。

(四) 九一式十糎榴弾砲

①沿岸防御兵団

重要な拠点内あるいは拠点外に配置し、敵の前進阻止、歩戦分離などに任じ、かつ至近距離において「タ」弾をもって重戦車に対し、また榴弾をもって中戦車に対し狙撃射撃を行う。また所要に応じ汀線の戦闘に協力する。

②攻勢兵団

直協砲兵として攻勢歩兵の後方に配置し、突撃支援時に指揮組織または防御火網の破壊擾乱にあたらせ、突撃が奏効すれば逐次後方に射撃を移して第一線歩兵および砲兵の行動を妨害する敵を制圧し、かつ所要の阻止射撃を準備し、第一線の確保を容易にする。

右のほか軍直砲兵として対砲兵戦などに任じることがある。

(五) 九九式山砲

九一式十榴とほとんど同様の任務に服する。ただし分解搬送が可能なので突撃奏効後適時陣地を推進し、密に第一線に協同することに適する。

（六）十二糎（十五糎）迫撃砲

①沿岸防御兵団

主として拠点内に配置し、拠点の戦闘にあたらせる。また遊撃地区に少数火砲を充当し、遊撃戦闘に任じることに適する。

②攻勢兵団

突撃支援時に指揮組織および防御火網の破壊擾乱にあたらせる。特に迫撃砲の制圧に適する。突撃が奏効すれば直ちに所要の兵力を第一線に進出させ、山砲とともに第一線の確保に協同させる。この間爾余の兵力をもって第一線進出火砲の行動を掩護する。中迫撃砲の使用にあたっては野・山砲のような平射砲との協同を緊密に行い、各々弾道上の特性を発揮させ、相扶《たす》けて歩砲一体となり、突進させる着意が緊要である。

（七）九六式（四年式）十五糎榴弾砲

①沿岸防御兵団

主として主抵抗線内の重要拠点内に配置し、拠点の戦闘および拠点間隙の閉塞射撃に使用する。海岸付近の拠点に配置しない場合においては時として汀線付近の戦闘に参与させる。

②攻勢兵団

軍直砲兵として主として主決戦正面第一線師団の戦闘に直接協力し、歩兵の推進を強力に支援するとともに、一部の兵力をもって好機に乗じ対砲兵戦、指揮組織の崩壊および阻止などに任じる。対戦車拠点構成にあたっては歩戦分離火網を準備する。第一線歩兵の戦闘に直接協力するには通常砲兵指揮官の区処をもって直接協同の火力増加に任じる。敵陣地の状況により一部の兵力を第一線に近く進出させ、火点の狙撃にあたらせることがある。

(八) 九二式十糎加農

九六式十五榴と概ね同様に使用するが、沿岸防御にあっては時として敵輸送船の射撃にあたらせ、また攻撃にあたり主として対砲兵戦などの遠戦に任じることがある。

(九) 十五(十二) 糎自走砲

主として攻勢兵団に配属し、突撃奏効後主として突破尖端威力として反撃戦闘の撃滅および所要に応じ火点の狙撃に任じる。装甲が薄弱なので常に機敏に地形を利用して位置を移動し、敵を奇襲し至短時間に目的を達成することを要する。

(一〇) 噴進砲

①沿岸防御兵団

拠点内あるいは拠点外の秘匿位置に自隊製造の木製砲を準備し、敵の集合地点、集積地点などの擾乱破壊にあたらせ、あるいは汀線の戦闘に協力させる。

二十糎噴進砲にあっては遊撃地区において遊撃戦闘に任じることがある。

②攻勢兵団

突撃支援時に指揮中枢および陣地要点を急襲し震駭、擾乱にあたらせる。この際準備時間が許せば多数の木製砲を準備することを可とする。突撃奏効後適時陣内に陣地を推進し、陣内要点の攻略にあたり震駭、擾乱に任じる。

噴進砲は射撃を開始すれば敵に発見されるので、一陣地一目標主義とし、かつ一陣地においても至短時間に目的を達成するよう諸準備を整えることを要する。

（一二）十五糎加農

①沿岸防御兵団

通常海岸に設定する堅固な拠点内に汀線を側射するよう配置するか、あるいは後退してよく温存し得る拠点内に師団の緊要な前地を広く火制できるように配置し、主として対艦艇射撃、揚陸妨害、砲兵（迫撃砲）制圧、飛行場の使用拘束、戦車の突進阻止、対戦車射撃、集積軍需品の破摧、指揮機能の破摧、擾乱などに任じる。

②攻勢兵団

主として砲兵（迫撃砲）、集結戦車などの制圧、指揮組織、飛行場、揚陸場、集積軍需品などの破壊または擾乱、交通遮断に戦機に投じ、戦車阻止、突撃支援、陣地施設の破壊など師団の戦闘に直接協力あるいは敵艦艇の制圧（撃破）に任じる。

（一二）十二糎速射加農

沿岸防御兵団

十五加に準じるが、十五加に比べて射距離短小、弾丸の威力は小さく、発射速度が大きい関係上主として対艦艇射撃、揚陸妨害、拠点戦闘の協同、砲兵（迫撃砲）制圧、対戦車射撃、集積軍需品の破摧などに任じる。

（一三）二十四糎榴弾砲

①沿岸防御兵団

通常将来主力軍攻勢の支撑として最後まで確保すべき大拠点内に配置し、主として揚陸妨害、集積軍需品の破摧、堅固な陣地にある砲兵（迫撃砲）、急造特火点などの制圧および拠点戦闘の協同にあたらせ、所要に応じ対艦船射撃、飛行場の使用拘束、戦車群の阻止、重戦車の破壊（制圧）などに任じる。

②攻勢兵団

震駭的効力を期し、主として直協火力を増加して第一線よりやや後方の陣地要点の制圧もしくは破壊、迫撃陣地の制圧に任じ、状況により障害物、術工物の破壊、戦車の阻止、砲兵の制圧、揚陸妨害、飛行場の使用拘束などに任じる。

(一四) 二十八糎榴弾砲

沿岸防御兵団

二十四榴に準じるが榴弾の装備はほとんどないので、主として揚陸妨害、集積軍需品の破摧、対艦船射撃、飛行場の使用拘束、戦車群の阻止、急造特火点の制圧に任じる。

(一五) 三十糎榴弾砲

沿岸防御兵団

二十四榴に準じる。弾種は破甲榴弾だけだが射程が長大なので主として揚陸妨害、集積軍需品の破摧、拠点確保の協同、対艦船射撃、飛行場の使用拘束、戦車群の阻止、堅固な陣地にある砲兵の制圧などに任じる。

(一六) 九八式臼砲（甲臼砲）

①沿岸防御兵団

通常汀線付近の拠点内に汀線を射撃し得るように配置するか、あるいは主力軍の攻勢の支撑となるべき重要な拠点内に配置し、主として敵の集合地点の擾乱、制圧、集積軍需品の破壊、汀線付近における戦闘の協力、拠点戦闘の協同などに任じる。

②攻勢兵団

主として陣地要点の震駭、制圧、指揮中枢の破壊、突撃支援、迫撃砲の制圧などに任じる。その奇襲的震駭威力に鑑み、敵の第一線陣地に対する攻撃には使用しないことを可とし、大隊、聯隊予備線あるいは師団予備線など第二線以後の攻撃に使用することを可とすることが多い。

(一七) 四式三十糎迫撃砲 (三迫)

②攻勢兵団

甲臼砲に準じるが、三迫は特に機動性が大きいので、主として第二線以後の陣地要点の震駭制圧、突撃支援、指揮中枢の破壊、迫撃砲の制圧などに任じる。

本土攻勢作戦における高射兵の用法及戦闘の参考（抜粋）

昭和二十年四月　高射兵監部

第三　敵は制空権獲得の目的をもって上陸作戦開始前より大規模な航空撃滅戦を実施するのを常とする。ゆえに高級指揮官は重要な飛行場にあらかじめ所要の高射兵部隊を配置し、敵機の攻撃に対し飛行場を掩護し、もってわが作戦の遂行を容易にすることを要する。

第五　敵はわが攻勢兵団の機動を妨害するため、上陸開始前より交通上の要点に対し大規模な爆撃を実施することを通常とするので、高級指揮官は事前に予定機動地域内の交通上の要点に敵の破壊に対し交通技術的対策を講じるとともに、高射兵を基幹とする防空部隊を配置し、積極的に敵の破壊企図を破摧することを要する。

第九　戦場防空のため転用すべき要地高射兵部隊に機動性を付与するには、牽引車または自動貨車などを配属するか、もしくは直轄の牽引車または自動貨車などをもって随時その部隊の機動に任じる。また状況により鉄道を利用することを可とすることがある。

牽引車または自動貨車は高射砲にあってはこれを野戦（甲）部隊（主力戦闘部隊）程度に配属することができれば最もよいが、やむを得なければ野戦（乙）部隊（支援部隊）程度に配属する。この際各部隊の機動性を必ずしも均一にすることなく、各部隊の使用の目的に適応させることが必要である。

第十　戦場防空のため転用すべき要地高射兵部隊には野戦に必要な通信器材なかんずく無線機を装備することが必要である。この際要地部隊にはなるべく地方の通信器材などを利用させ、転用すべき部隊に制式器材を装備させるよう着意することが必要である。

第十一　戦場防空のため要地高射兵部隊より転用すべき部隊は数中隊をもって大隊に編合することを適当とする。この際中隊は建制（本属の組織）の部隊または建制の部隊より一部を欠いたものとし、全く新たに中隊を編合するのはなるべく避ける方がよい。そして建制の中隊より一部を欠く場合においても四門以下に減らさないことを要する。

第十二　転用すべき部隊の編合が決定すれば、これを随時転用できるような位置に陣地を変換させる。そして転用部隊の抽出により爾後要地の防空に支障を生じないよう、要すれば全般の配置を適宜変更することを要する。この際十二糎高射砲および八糎高射砲は最後まで防空を要すべき要域に使用するよう着意することを要する。

第十五　要地高射兵部隊を戦場防空に転用するにあたっては、抽出する時機の選定を適切にし、遅きに失しないことが特に緊要である。そして師団に配属すべき高射兵部隊は勉めて機動性を有する部隊を充用する着意が必要である。

第二十二　優勢な敵制空権下においては諸道路は敵機の爆撃により破壊され、また夜間であっても主要道路は敵機の制圧を受けるのを常態とする。ゆえに高射兵各部隊は進路の選定を適切にし、特に上空に遮蔽した道路の活用に勉め、前進部署（配置）を適切にし、たとえ工兵などの協力がなくても自ら進路を開拓しつつ前進することが必要である。

第二十三　高射兵部隊が夜間機動により予定した陣地に到着すると、要すれば速やかに陣地の補修または構築を行い、払暁までに射撃準備を完了することが必要である。

陣地到着後初めて掩体を構築する場合においてはその作業量が大きく、払暁までに完成できないことがあるのを考慮し、払暁までに上空に対する偽装を完全にするとともに、昼間であっても敵機の攻撃または偵察の間断を利用して陣地の構築を続行することを要する。

第二十六　高射兵部隊は昼間における休止地掩護のため、所要に応じ熾烈な火力を集中して敵機を撃墜することを要する。そして師団の機動間の防空は秘匿を旨とするため、高射兵各級指揮官は高級指揮官の意図にもとづき射撃要否を判定し、かつ目標の選定を適切に行うことが特に緊要である。しかし企図の秘匿に籍口《しゃこう》（かこつける）して好機に投じる射撃を躊躇するようなことは厳に戒めることを要する。

交通路上の要点に配置された高射兵部隊は、夜間であっても機動中の部隊を攻撃する低空の敵機に対し有効な射撃を実施できるよう準備することを要する。

第二十七　高射兵部隊は敵機の攻撃あるいは偵察の間断を利用し、できれば適宜陣地を変換して敵の意表に出ることが必要である。高射機関砲隊において特にそうである。この際旧陣地には偽砲などを配置して、これに敵を誘引する着意が必要である。

第二十八　高射兵部隊は常に敵の機甲および空挺部隊に対する警戒を厳にし、その突進または降下に対してはこれらに協同する敵機を撃墜して他部隊の戦闘を容易にする。しかし状況が要すれば他部隊と協同しあるいは自衛などのため、戦車または既に降下した空挺部隊を攻撃することを可とすることがある。

第三十一　攻撃にあたり師団長は配属された高射兵および師団固有の高射機関砲隊に主力砲兵、戦車、指揮中枢などの掩護にあたらせるのを通常とする。状況により一部の高射機関砲を砲兵隊などに配属することを可とすることがある。そして高射兵陣地は敵機に対し火力の集中を容易に行えるよう適宜これを集約することが必要である。

高射砲隊は主力砲兵、戦車、指揮中枢などの全般の掩護に、高射機関砲隊は特に重要な部隊の直接掩護に使用するのを通常とする。

第三十三　高射兵（昭和十九年末にそれまでの高射砲兵は高射兵に改称された）部隊は攻撃準備より攻撃開始に至る間、通常掩護すべき部隊の移動にともない適時陣地を変換し、攻撃開始時期における態勢に転移する。この際機動の少ない部隊をなるべく前方に配置する着意が必要である。状況により攻撃準備の状態を欺騙するため、命令にもとづき特に一部の部隊を旧陣地に残置し、射撃させることを可とすることがある。

第三十四　攻撃を開始すると敵機の攻撃はいよいよ熾烈を極め、特に射撃中の砲兵は敵機の集中的攻撃を被るのを常態とするので、高射兵はこの時期において最大の火力を発揚してその企図を破摧し、地上戦闘を完遂させることが緊要である。

第三十五　敵の機甲反撃は優勢な飛行協力の下に実施されるので、高射兵は特にわが対戦車火砲および対機甲戦闘に任じるわが戦車を攻撃する敵機に熾烈な火力を集中してこれを撃墜し、地上部隊の戦闘を有利にしなければならない。そして敵戦車が遂に陣地に肉薄すると偉大な火砲の威力を至近距離において急襲的に発揚し、これを圧倒撃滅することを要する。

第三十六　高射兵部隊は攻撃間掩護すべき砲兵、戦車などの移動にともない夜暗を利用し逐次陣地を前方に推進する。この際できるだけあらかじめ陣地を構築した後、陣地を変換することを可とする。特に高射機関砲隊は臂力前進を活用し、不利な地形をも突破して前方に進出することが必要である。

高射兵は陣地変換にあたり砲兵、戦車などとの連繋を密にし、この実施を整斉と行うことが緊要である。

第三十七　第一線歩兵部隊の夜間交代後における態勢は狭隘な地域に相当密集し、翌払暁時敵機の攻撃に対して好餌を呈することが多いので、高射兵部隊は一部特に高射機関砲部隊を前方に推進し、直接第一線付近の掩護にあたらせるとともに、後方にある高射兵部隊もまた払暁時第一線を攻撃する敵機を射撃し、この掩護を図ることが必要である。

第三十八　第一線部隊が敵陣地帯を突破し艦砲射撃の有効射程内に入ると、敵機の熾烈な爆撃と艦砲の猛烈な射撃とを被るので、高射兵は万難を排して一部であってもその陣地を前方に推進し戦車、砲兵などを掩護するとともに、敵観測機を求めて撃墜し、艦砲威力を封殺することが必要である。

第三十九　敵を海岸近くに圧縮し掃蕩に移ると、敵機は全力を挙げてこれを妨害するので、高射兵部隊は猛烈な火力を敵機に集中してその攻撃を破摧し、あるいは物料投下を遮断するなど、密に攻撃に協力することを要する。このためできる限り第一線に近く陣地を占領しておくことが必要である。

第四十　海岸付近の掃蕩を完了し防御態勢への転移または第二次決戦方面への転進の時機は、敵機に対し弱点を成形することが多いので、高射兵部隊は速やかにこれを掩護できる態勢に転移し、敵機の妨害を排除して軍（師団）の行動を整斉としたものにすることが必要である。

NF文庫

復刻版 日本軍教本シリーズ
「国民抗戦必携」「国民築城必携」
「国土決戦教令」

二〇二四年十一月二十日 第一刷発行

編 者 藤田昌雄
　　　佐山二郎

発行者 赤堀正卓

発行所 株式会社 潮書房光人新社
〒100-8077 東京都千代田区大手町一-七-二
電話／〇三-六二八一-九八九一(代)
印刷・製本 中央精版印刷株式会社
定価はカバーに表示してあります
乱丁・落丁のものはお取りかえ
致します。本文は中性紙を使用

ISBN978-4-7698-3380-2 C0195
http://www.kojinsha.co.jp

NF文庫

刊行のことば

第二次世界大戦の戦火が熄《や》んで五〇年――その間、小社は夥しい数の戦争の記録を渉猟し、発掘し、常に公正なる立場を貫いて書誌とし、大方の絶讃を博して今日に及ぶが、その源は、散華された世代への熱き思い入れであり、同時に、その記録を誌して平和の礎とし、後世に伝えんとするにある。

小社の出版物は、戦記、伝記、文学、エッセイ、写真集、その他、すでに一、〇〇〇点を越え、加えて戦後五〇年になんなんとするを契機として、「光人社NF（ノンフィクション）文庫」を創刊して、読者諸賢の熱烈要望におこたえする次第である。人生のバイブルとして、心弱きときの活性の糧《かて》として、散華の世代からの感動の肉声に、あなたもぜひ、耳を傾けて下さい。